応用解析学の基礎

新装版

複素解析，フーリエ解析・ラプラス変換

坂和 正敏 著

森北出版株式会社

● 本書のサポート情報を当社Webサイトに掲載する場合があります．下記のURLにアクセスし，サポートの案内をご覧ください．

https://www.morikita.co.jp/support/

● 本書の内容に関するご質問は，森北出版 出版部「(書名を明記)」係宛に書面にて，もしくは下記のe-mailアドレスまでお願いします．なお，電話でのご質問には応じかねますので，あらかじめご了承ください．

editor@morikita.co.jp

● 本書により得られた情報の使用から生じるいかなる損害についても，当社および本書の著者は責任を負わないものとします．

■ 本書に記載している製品名，商標および登録商標は，各権利者に帰属します．

■ 本書を無断で複写複製（電子化を含む）することは，著作権法上での例外を除き，禁じられています．複写される場合は，そのつど事前に（一社）出版者著作権管理機構（電話03-5244-5088, FAX03-5244-5089, e-mail:info@jcopy.or.jp）の許諾を得てください．また本書を代行業者等の第三者に依頼してスキャンやデジタル化することは，たとえ個人や家庭内での利用であっても一切認められておりません．

新装版の発行に際して

　本書は 1988 年の発行以来，幸いにも多くの大学において好評を得て，教科書としてご採用していただき，累計 14 増刷を経ることができた．

　今回の新装版では，この間にお寄せいただいた貴重なご意見を反映し，より読みやすく，わかりやすい教科書となるように判型およびレイアウトを一新した．

　今後も本書により，学生の皆さんが応用数学の理解を深めることができる一助になれば，著者にとってこれ以上の喜びはない．

　新装版の刊行にあたり，いろいろお世話をいただいた森北出版の大橋貞夫氏に厚くお礼申し上げる．

2014 年 6 月

坂和正敏

まえがき

　本書は，大学の教養課程で微分積分学と線形代数学の基礎的な事項を学習した理工系の各学部の学生が，専門課程で学ぶ工業数学あるいは応用数学のわかりやすい入門書である．本書では，応用的に重要と思われる数学の分野として，複素解析およびフーリエ解析・ラプラス変換と偏微分方程式への応用の基礎的な部分に限定して，著者の講義の経験に基づき，やさしく解説しているので，毎週100分の1年講義の教えやすく学びやすい教科書として利用できる．

　執筆にあたっては，数学的な厳密さはできる限り犠牲にしないで，しかも，大学の教養課程の数学の素養で容易に理解できるように，紙面の許す限りていねいに説明するように心がけた．とくに，定義・定理および例題の羅列にはならないように注意して，全体の数学的な流れや関連がよくわかるように工夫した．また，定理には必ずわかりやすい証明をつけ，ほかの本を参照しなくてもよいように配慮した．しかし，数学的にややレベルが高いと思われる定理の証明には＊印を付しているので，さきを急ぐ場合には読み飛ばしてもさしつかえない．さらに，例題と関連した問はできるだけ多く取り入れてあるので，これらを一通り学ぶことにより，定義や定理の意味がわかり，しかも問題を解く実力を養うことができる．また，各章末には適当な量の問題を与え，巻末には解答があるので，これらを活用することにより，実際に学んだ内容の理解をさらに深めることができる．これらの問や問題のなかには，本文の内容を補足するものも含まれているので，実際に自分で解いてみることをおすすめする．なお，記述はできるだけ厳密にしたつもりであるが，思い違いや誤りを含んでいることを恐れている．読者の忌憚のないご指摘ならびにご叱正を賜れば幸いである．

　末筆ながら，京都大学工学部数理工学科の学部・大学院修士課程・博士課程に在学中の指導教授として，今日に至るまでたえずご叱正，ご鞭撻を賜っている恩師・椹木義一京都大学名誉教授に，心から感謝の意を表したい．

　最後に，本書の出版に際してたいへんお世話になった田中節男氏をはじめ，森北出版の方々にここに改めてお礼申し上げる．

1988年6月

坂和正敏

目次

第Ⅰ部　複素解析 ……………………………………………………………… 1

第1章　正則関数 ………………………………………………………………… 2
1.1　複素数 …………………………………………………………………… 2
1.2　複素関数 ………………………………………………………………… 4
1.3　正則関数 ………………………………………………………………… 8
1.4　初等関数 ………………………………………………………………… 13
1.5　逆関数 …………………………………………………………………… 17
演習問題［1］ ………………………………………………………………… 23

第2章　複素積分 ………………………………………………………………… 25
2.1　複素積分の定義と性質 ………………………………………………… 25
2.2　コーシーの積分定理 …………………………………………………… 28
2.3　コーシーの積分公式 …………………………………………………… 33
演習問題［2］ ………………………………………………………………… 38

第3章　複素関数の展開と留数 ………………………………………………… 40
3.1　複素数の数列と級数 …………………………………………………… 40
3.2　複素関数の数列と級数 ………………………………………………… 43
3.3　複素変数のべき級数 …………………………………………………… 47
3.4　テイラー展開とローラン展開 ………………………………………… 50
3.5　特異点と留数 …………………………………………………………… 55
3.6　定積分の計算 …………………………………………………………… 58
演習問題［3］ ………………………………………………………………… 62

第Ⅱ部　フーリエ解析・ラプラス変換　　65

第4章　フーリエ解析　　66
4.1　フーリエ級数　　66
4.2　三角多項式近似　　74
4.3　フーリエ級数の収束性　　77
4.4　フーリエ級数の項別積分と項別微分　　82
4.5　フーリエ級数からフーリエ積分へ　　86
4.6　フーリエ積分の収束性　　88
4.7　フーリエ変換とその性質　　91
演習問題［4］　　96

第5章　ラプラス変換　　100
5.1　ラプラス変換の定義と存在　　100
5.2　ラプラス変換の性質　　104
5.3　関数方程式への応用　　109
演習問題［5］　　114

第6章　偏微分方程式　　116
6.1　2階線形偏微分方程式　　116
6.2　波動方程式　　117
6.3　熱伝導方程式　　123
6.4　ラプラス方程式　　125
演習問題［6］　　127

問と演習問題の解答　　128

索　引　　136

第 I 部
複素解析

　19 世紀の数学者 A. L. Cauchy (コーシー) (フランス, 1789〜1857 年), B. Reimann (リーマン) (ドイツ, 1826〜1866 年), K. Weierstrass (ワイヤストラス) (ドイツ, 1815〜1897 年) らによって確立された複素解析すなわち複素関数論は, もちろん微分積分学の複素数の世界への拡張とみなせるものである. しかし, 考察の対象をとくに微分可能な関数に限定することにより, 実変数の世界ではまったく想像もつかなかったような, 微分や積分などの操作が自由にできるという非常にエレガントな別世界が開けるようになる. このような複素関数論は, 理論面のみならず応用面でも, 流体力学, 航空力学, 熱伝導論, 電磁気学などの数多くの分野で広く用いられている. 以下では, 複素解析の基礎理論として, 複素関数の微分, 複素関数の積分, 複素関数の展開と留数, および留数定理による定積分の計算などについて考察する.

第 1 章　正則関数

1.1　複素数

複素数 (complex number) z とは，2 つの実数 x, y によって，

$$z = x + iy \tag{1.1}$$

の形で表される数である．ここで，右辺の i は**虚数単位** (imaginary unit) で，$i^2 = -1$ である．複素数 $z = x + iy$ に対して，x を**実部** (real part)，y を**虚部** (imaginary part) といい，

$$x = \operatorname{Re} z, \qquad y = \operatorname{Im} z \tag{1.2}$$

と表す．とくに，$y = 0$ のときの複素数 $z = x + i0$ は実数で，単に $z = x$ と表す．また，$x = 0$ のときの複素数 $z = 0 + iy$ は**純虚数** (purely imaginary number) といい，単に $z = iy$ と表す．

2 つの複素数 $z_1 = x_1 + iy_1$, $z_2 = x_2 + iy_2$ が等しいというのは，実部と虚部がそれぞれ等しいこととする．すなわち，$z_1 = z_2$ とは，$x_1 = x_2$ かつ $y_1 = y_2$ が成立することである．

複素数に対する四則演算は，i を 1 つの文字とみなし，実数の場合と同様の計算をして，得られた結果に $i^2 = -1$ を代入すればよい．すなわち，2 つの複素数 $z_1 = x_1 + iy_1$, $z_2 = x_2 + iy_2$ に対する四則演算は，次のように行われる．

加法　$z_1 + z_2 = (x_1 + x_2) + i(y_1 + y_2)$

減法　$z_1 - z_2 = (x_1 - x_2) + i(y_1 - y_2)$

乗法　$z_1 z_2 = (x_1 x_2 - y_1 y_2) + i(x_1 y_2 + x_2 y_1)$

除法　$\dfrac{z_1}{z_2} = \dfrac{(x_1 x_2 + y_1 y_2) + i(y_1 x_2 - x_1 y_2)}{x_2{}^2 + y_2{}^2} \quad (z_2 \neq 0)$

問 1.1　複素数の乗法，除法の公式が成立することを確かめよ．

複素数 $z = x + iy$ に対して，その**共役複素数** (conjugate complex number) を $\bar{z} = x - iy$ で定義する．このとき，

$$\bar{\bar{z}} = z \tag{1.3}$$

$$\mathrm{Re}\,z = \frac{z+\bar{z}}{2}, \qquad \mathrm{Im}\,z = \frac{z-\bar{z}}{2i} \tag{1.4}$$

であることは容易にわかる．また，任意の 2 つの複素数 z_1, z_2 に対して，

$$\overline{z_1 + z_2} = \overline{z_1} + \overline{z_2}, \qquad \overline{z_1 z_2} = \overline{z_1}\,\overline{z_2}, \qquad \overline{\left(\frac{z_1}{z_2}\right)} = \frac{\overline{z_1}}{\overline{z_2}} \tag{1.5}$$

が成立することも，容易に確かめられる．

問 1.2 式 (1.3) ～ (1.5) の関係が成立することを確かめよ．

実数を直線上の点で表すように，複素数を座標平面上の点で表すと便利である．複素数 $z = x + iy$ は，xy 平面上の点 (x, y) に 1 対 1 に対応するので，このように各点を複素数と対応させた平面を，**複素平面** (complex plane)，あるいは**ガウス平面** (Gauss plane) という（図 1.1 参照）．

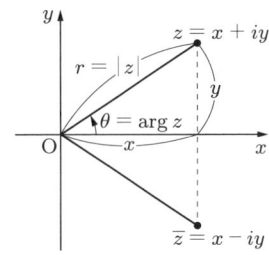

図 **1.1** 複素平面

複素平面上では，実数 $x = x + i0$ および純虚数 $iy = 0 + iy$ は，それぞれ x 軸上の点 $(x, 0)$ および y 軸上の点 $(0, y)$ で表されるので，x 軸を**実軸** (real axis)，y 軸を**虚軸** (imaginary axis) という．

複素平面上の極座標 (r, θ) を用いれば，$x = r\cos\theta$, $y = r\sin\theta$ であるから，複素数 z は，

$$z = x + iy = r(\cos\theta + i\sin\theta) \tag{1.6}$$

と表される．これを，複素数の**極形式** (polar form) という．r を z の**絶対値** (absolute value) といい，$|z|$ で表し，θ を z の**偏角** (argument) といい，$\arg z$ で表せば，明らかに，

$$|z| = r = \sqrt{x^2 + y^2}, \qquad \arg z = \theta = \tan^{-1}\frac{y}{x} \tag{1.7}$$

となる．ここで，絶対値は一意に定まるが，偏角は 2π の整数倍を除いてのみ，一意に定まる．また，$z = 0$ のとき，絶対値は $|0| = 0$ であるが，偏角は定まらない．

2 つの複素数 z_1, z_2 の積と商の絶対値と偏角に関して，

$$|z_1 z_2| = |z_1||z_2|, \qquad \arg(z_1 z_2) = \arg z_1 + \arg z_2 \tag{1.8}$$

$$\left|\frac{z_1}{z_2}\right| = \frac{|z_1|}{|z_2|}, \qquad \arg\left(\frac{z_1}{z_2}\right) = \arg z_1 - \arg z_2 \tag{1.9}$$

が成立することや，$z = x + iy$ の共役複素数 $\bar{z} = x - iy$ に対して，

$$|\bar{z}| = |z|, \qquad \arg \bar{z} = -\arg z \tag{1.10}$$

$$z\bar{z} = |z|^2 \tag{1.11}$$

が成立することも，容易に示される．

また，三角形に関する不等式から，

$$||z_1| - |z_2|| \leq |z_1 + z_2| \leq |z_1| + |z_2| \tag{1.12}$$

が成立することがわかる．さらに，一般の三角不等式

$$|z_1 + z_2 + \cdots + z_n| \leq |z_1| + |z_2| + \cdots + |z_n| \tag{1.13}$$

が導かれる．

問 1.3 式 (1.8)~(1.13) の関係が成立することを確かめよ．

1.2 複素関数

複素平面上の 2 点 z，z_0 の距離は $|z - z_0|$ で与えられるので，

$$B(z_0, \delta) = \{z \mid |z - z_0| < \delta\} \tag{1.14}$$

は，z_0 を中心とする半径 $\delta > 0$ の円の内部であり，z_0 の δ **近傍** (neighbourhood) という．

複素平面上の点集合 D に対して，複素平面の各点 z は，次の 3 つのいずれかに分類される (図 1.2 参照)．

(1) $\delta > 0$ を十分小さくとれば，$B(z, \delta) \subset D$ となる．このとき，z を D の**内点** (interior point) という．

(2) $\delta > 0$ を十分小さくとれば，$B(z, \delta) \cap D = \phi$ (空集合) となる．このとき，z を D の**外点** (exterior point) という．

(3) 任意の $\delta > 0$ に対して，$B(z, \delta) \cap D \neq \phi$，かつ $B(z, \delta) \cap D^c \neq \phi$ となる．ここで，D^c は D の補集合を表す．このとき，z を D の**境界点** (boundary point) という．

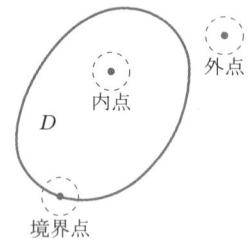

図 1.2 内点，外点，境界点

D の境界点全体の集合を D の**境界** (boundary) という．点集合 D のすべての点が D の内点であるとき，D を**開集合** (open set) という．また，D^c が開集合であるとき，D を**閉集合** (closed set) という．点集合 D の任意の 2 点を D 内の連続曲線

で結ぶことができるとき，D は **連結** (connected) であるといい，連結な開集合を，**領域** (domain) という．領域にその境界を付け加えて得られる集合を，閉領域という．点集合 D の任意の点 z に対して $|z| < M$ となる正数 M が存在するとき，D を **有界集合** (bounded set) という．

複素平面上の点集合 D の任意の点 z に対して，複素数 w の値 $f(z)$ が定まるとき，w を z の **複素関数** (function of complex variable)，あるいは単に **関数** といい，$w = f(z)$ と表す．このとき，D を $f(z)$ の **定義域** (domain)，$f(D) = \{f(z) \mid z \in D\}$ を $f(z)$ の **値域** (range) といい，定義域をはっきり示すときは，

$$w = f(z), \qquad z \in D \tag{1.15}$$

と表す．

z のおのおのの値に対して，w の値が 1 つ定まるとき，w は z の 1 価関数であるといい，w の値が 2 つ以上定まるとき，w は z の多価関数であるという．以下ではとくに断わらない限り，複素関数といえば 1 価関数を意味するものとする．

複素関数 $w = f(z)$ に $z = x + iy$ を代入して，w の実部と虚部を，それぞれ u, v で表せば，

$$w = f(z) = f(x + iy) = u(x, y) + iv(x, y) \tag{1.16}$$

となり，u, v はともに x, y の実数値関数である．このように複素関数 $f(z)$ は，2 つの実数値関数 $u = u(x, y)$, $v = (x, y)$ の組とみなすこともできるが，このような分解をせずに複素関数そのものを考えるところに，複素解析の本領が発揮されることになる．

変数 z の値を表す複素平面を z 平面，関数 $w = f(z)$ の値を表す複素平面を w 平面とよぶことにすれば，関数 $w = f(z)$ は，z 平面上の点集合 D を w 平面上の点集合 $f(D)$ へ写す **写像** (mapping)，または **変換** (transformation) と考えることができる．

問 1.4 $w = z^2$ により，z 平面上の両軸に平行な 2 つの直線 $x = a$, $y = b$ は，それぞれ w 平面上のどのような曲線に写されるか調べてみよ．

複素変数 z が複素数 z_0 に限りなく近づくということは，絶対値 $|z - z_0|$ が限りなく 0 に近づくことであり，記号 $z \to z_0$ で表す．

関数 $w = f(z)$ において，z が z_0 に限りなく近づくとき，$f(z)$ の値が複素数 w_0 に限りなく近づくとする．このことを，$z \to z_0$ のとき $f(z)$ は **極限値** (limit value) w_0 に **収束** (convergence) するといい，

$$\lim_{z \to z_0} f(z) = w_0 \quad \text{あるいは} \quad f(z) \to w_0 \quad (z \to z_0)$$

と書く．より厳密に述べると，任意の $\varepsilon > 0$ に対して，正の数 $\delta = \delta(\varepsilon)$ が定まって，
$$0 < |z - z_0| < \delta \quad \text{であれば} \quad |f(z) - w_0| < \varepsilon$$
が成立するとき，$f(z)$ は w_0 に収束するという．

ここで，複素平面上の点 z が z_0 に近づく経路は無数にあるが，この定義は，点 z がどのような近づき方をしても，$f(z)$ の値が w_0 に限りなく近づくことを要求していることに注意しよう．

z の絶対値 $|z|$ が限りなく大きくなるとき[†]，$f(z)$ の値が複素数 w_0 に限りなく近づくことを，
$$\lim_{z \to \infty} f(z) = w_0 \quad \text{あるいは} \quad f(z) \to w_0 \quad (z \to \infty)$$
と表す．

また，関数 $w = f(z)$ において，z が z_0 に限りなく近づくとき，$f(z)$ の絶対値 $|f(z)|$ が限りなく大きくなることを，
$$\lim_{z \to z_0} f(z) = \infty \quad \text{あるいは} \quad f(z) \to \infty \quad (z \to z_0)$$
と表す．

例 1.1 $f(z) = \overline{z}/z$ のとき $\lim_{z \to 0} f(z)$ は存在するか．

【解】 $z = x + iy$ が，z 平面上の直線 $y = mx$ に沿って 0 に近づくとすれば，
$$f(z) = \frac{1 - im}{1 + im}$$
となり，この値は直線の傾き m とともに変化するので，$\lim_{z \to 0} f(z)$ は存在しないことがわかる．

関数 $w = f(z)$ の定義域 D 内の点 z_0 で，極限値 $\lim_{z \to z_0} f(z)$ が存在して，しかも，
$$\lim_{z \to z_0} f(z) = f(z_0) \tag{1.17}$$
が成り立つとき，関数 $w = f(z)$ は，点 z_0 で**連続** (continuous) であるという．さらに，$f(z)$ が領域 D 内のすべての点で連続であるとき，$f(z)$ は領域 D で連続であるという．ここで，
$$w = f(z) = u(x, y) + iv(x, y) \tag{1.18}$$
とおけば，$f(z)$ が $z_0 = x_0 + iy_0$ で連続であるための必要十分条件は，2つの実変数関数 $u(x, y), v(x, y)$ が，ともに (x_0, y_0) で連続であることは容易にわかる．

[†] このとき，点 z は原点 O から限りなく遠ざかる．このことを z が**無限遠点** (infinite point) (∞ と書く) に限りなく近づくといい，記号 $z \to \infty$ で表す．

問 1.5 上記のことを証明せよ．

連続な複素関数に対する次の性質は，実関数の場合と同様の方法で証明できる．

(1) $f(z)$ と $g(z)$ が連続であれば，
$$f(z) \pm g(z), \qquad f(z)g(z), \qquad \frac{f(z)}{g(z)} \quad (g(z) \neq 0)$$
も連続である．

(2) $w = g(z)$ と $\zeta = f(w)$ が連続であれば，合成関数 $\zeta = f \circ g(z) = f(g(z))$ も連続である．

関数 $f(z)$ の定義域 D の内点 z_0 で，極限
$$\lim_{z \to z_0} \frac{f(z) - f(z_0)}{z - z_0} = \lim_{\Delta z \to 0} \frac{f(z_0 + \Delta z) - f(z_0)}{\Delta z} \tag{1.19}$$

が存在するとき，$f(z)$ は点 z_0 で**微分可能** (differentiable) であるという．また，この極限値を，点 z_0 における $f(z)$ の**微分係数** (differential coefficient) といい，記号
$$f'(z_0), \qquad \frac{df(z_0)}{dz} \tag{1.20}$$

などで表す．

定義から，$f(z)$ が z_0 で微分可能であれば，$f(z)$ は z_0 で連続であることが容易にわかる．

問 1.6 上記のことを証明せよ．

ここで，複素関数の微分可能性の定義は，z が z_0 にどのような近づき方をしても同一の極限値が存在することを要求しているので，実関数の場合よりはるかに強い条件になっていることに注意しよう．

領域 D の各点で $w = f(z)$ が微分可能であれば，$f(z)$ はこの領域 D で微分可能であるという．このとき，D の各点にその点での微分係数を対応させることにより定まる z の関数を，$f(z)$ の**導関数** (derivative) といい，記号
$$f'(z), \qquad \frac{df(z)}{dz}, \qquad w', \qquad \frac{dw}{dz} \tag{1.21}$$

などで表す．

実関数の場合と同様に，導関数に対する次の公式が得られる．
$$(f(z) \pm g(z))' = f'(z) \pm g'(z) \quad (\text{複号同順})$$
$$(f(z)g(z))' = f'(z)g(z) + f(z)g'(z)$$

$$\left(\frac{f(z)}{g(z)}\right)' = \frac{f'(z)g(z) - f(z)g'(z)}{(g(z))^2} \quad (g(z) \neq 0)$$

また，$w = g(z)$，$\zeta = f(w)$ が微分可能であれば，合成関数 $\zeta = f \circ g(z) = f(g(z))$ も微分可能で，

$$\frac{d\zeta}{dz} = \frac{d\zeta}{dw}\frac{dw}{dz} \quad \text{すなわち} \quad (f(g(z)))' = f'(w)g'(z)$$

となる．

例 1.2 $f(z) = z^n$ $(n = 1, 2, \cdots)$ のとき，$f'(z) = nz^{n-1}$ となることを示せ．

【解】 定義より，

$$f'(z) = \lim_{\Delta z \to 0}\frac{(z+\Delta z)^n - z^n}{\Delta z}$$

$$= \lim_{\Delta z \to 0}\left(nz^{n-1} + \sum_{r=2}^{n}{}_nC_r z^{n-r}(\Delta z)^{r-1}\right) = nz^{n-1}$$

となるので，実関数の場合と同様に，次の公式が成立する．

$$\frac{dz^n}{dz} = nz^{n-1} \quad (n = 1, 2, \cdots) \tag{1.22}$$

問 1.7 $f(z) =$ 定数のとき，$f'(z) = 0$ となることを示せ．また，$f(z) = z^{-n}$ (n: 正整数，$z \neq 0$) のとき，$f(z) = 1/z^n$ に商の微分法の公式を用いて，$f'(z) = -nz^{-n-1}$ となることを示せ．

1.3 正則関数

ある領域 D で定義された関数 $f(z)$ が，D のすべての点で微分可能であるとき，$f(z)$ は領域 D で**正則** (regular) であるといい，$f(z)$ を**正則関数** (regular function)，あるいは**解析関数** (analytic function) という．また，点 z_0 のある近傍で $f(z)$ が正則であれば，$f(z)$ は点 z_0 で正則であるといい，z_0 を $f(z)$ の**正則点** (regular point) という．$f(z)$ の正則でない点を $f(z)$ の**特異点** (singular point) という．

たとえば，公式 (1.22) より，変数 z の多項式

$$w = \alpha_0 z^n + \cdots + \alpha_{n-1} z + \alpha_n \quad (\alpha_0, \cdots, \alpha_n : 複素数)$$

は z 平面の全域で正則であり，z の有理式

$$w = \frac{\alpha_0 z^n + \cdots + \alpha_{n-1} z + \alpha_n}{\beta_0 z^m + \cdots + \beta_{m-1} z + \beta_m} \quad (\alpha_0, \cdots, \beta_m : 複素数)$$

は分母が 0 にならない領域で正則になる．さらに，2 つの関数がある領域で正則であれば，導関数に対するそれぞれの公式より，それらの和，差，積，商 (ただし，分母

が 0 になる点を除く) も，その領域で正則である．また，合成関数の微分公式より，正則関数の合成関数もまた正則関数であることがわかる．

正則関数 $f(z) = u(x,y) + iv(x,y)$ $(z = x + iy)$ の実部と虚部は，それらの微分可能性よりはるかに強い条件を満たしていることが，次の定理に示される．

定理 1.1 コーシー・リーマンの方程式

関数 $f(z) = u(x,y) + iv(x,y)$ $(z = x + iy)$ は，領域 D で定義され，しかも $u(x,y)$, $v(x,y)$ の偏導関数が D で連続であるとする．

このとき，$f(z)$ が D で正則であるための必要十分条件は，$u(x,y)$, $v(x,y)$ が D で**コーシー・リーマンの方程式** (Cauchy–Reimann equation)

$$\frac{\partial u}{\partial x} = \frac{\partial v}{\partial y}, \qquad \frac{\partial u}{\partial y} = -\frac{\partial v}{\partial x} \tag{1.23}$$

を満たすことである．

また，$f(z)$ が D で正則であれば，その導関数は公式

$$f'(z) = \frac{\partial u}{\partial x} + i\frac{\partial v}{\partial x} = \frac{\partial v}{\partial y} - i\frac{\partial u}{\partial y} \tag{1.24}$$

で与えられる．

(証明) 必要性：$f(z)$ が正則であれば，定義より，

$$f'(z) = \lim_{\Delta z \to 0} \frac{f(z + \Delta z) - f(z)}{\Delta z}$$

が存在する．この極限は $\Delta z \to 0$ の方向には依存しないので，とくに実軸に平行な経路 ($\Delta z = \Delta x$) と，虚軸に平行な経路 ($\Delta z = i\Delta y$) の 2 つの経路を考える．

$\Delta z = \Delta x$ のときは，

$$\begin{aligned} f'(z) &= \lim_{\Delta x \to 0} \frac{\{u(x+\Delta x, y) + iv(x+\Delta x, y)\} - \{u(x,y) + iv(x,y)\}}{\Delta x} \\ &= \lim_{\Delta x \to 0} \left\{ \frac{u(x+\Delta x, y) - u(x,y)}{\Delta x} + i\frac{v(x+\Delta x, y) - v(x,y)}{\Delta x} \right\} \\ &= \frac{\partial u(x,y)}{\partial x} + i\frac{\partial v(x,y)}{\partial x} = u_x + iv_x \end{aligned}$$

となる．同様に，$\Delta z = i\Delta y$ のときは，

$$\begin{aligned} f'(z) &= \lim_{\Delta y \to 0} \frac{\{u(x, y+\Delta y) + iv(x, y+\Delta y)\} - \{u(x,y) + iv(x,y)\}}{i\Delta y} \\ &= \lim_{\Delta y \to 0} \left\{ \frac{v(x, y+\Delta y) - v(x,y)}{\Delta y} - i\frac{u(x, y+\Delta y) - u(x,y)}{\Delta y} \right\} \\ &= \frac{\partial v(x,y)}{\partial y} - i\frac{\partial u(x,y)}{\partial y} = v_y - iu_y \end{aligned}$$

となるので，これらの2式から，コーシー・リーマンの方程式が得られ，しかも公式 (1.24) も示された．

十分性：$u(x,y)$ と $v(x,y)$ の x,y に関する偏導関数が連続であることより，

$$u(x+\Delta x, y+\Delta y) - u(x,y) = u_x \Delta x + u_y \Delta y + \varepsilon_1 \Delta x + \varepsilon_2 \Delta y$$
$$v(x+\Delta x, y+\Delta y) - v(x,y) = v_x \Delta x + v_y \Delta y + \varepsilon_3 \Delta x + \varepsilon_4 \Delta y$$

で，$\Delta x \to 0$，$\Delta y \to 0$ のとき $\varepsilon_i \to 0$ $(i=1,2,3,4)$ である．このことより，

$$f(z+\Delta z) - f(z) = (u_x \Delta x + u_y \Delta y) + i(v_x \Delta x + v_y \Delta y) + \xi \Delta x + \eta \Delta y$$

と表される．ただし，

$$\xi = \varepsilon_1 + i\varepsilon_3 \to 0, \quad \eta = \varepsilon_2 + i\varepsilon_4 \to 0 \quad (\Delta x \to 0, \Delta y \to 0)$$

である．ここで，コーシー・リーマンの方程式を用いれば，

$$f(z+\Delta z) - f(z) = (u_x + iv_x)\Delta x + (-v_x + iu_x)\Delta y + \xi \Delta x + \eta \Delta y$$
$$= (u_x + iv_x)(\Delta x + i\Delta y) + \xi \Delta x + \eta \Delta y$$
$$= (u_x + iv_x)\Delta z + \xi \Delta x + \eta \Delta y$$

となる．これより，

$$\frac{f(z+\Delta z) - f(z)}{\Delta z} = u_x + iv_x + \xi \frac{\Delta x}{\Delta z} + \eta \frac{\Delta y}{\Delta z} \to u_x + iv_x \quad (\Delta z \to 0)$$

となり，$f(z)$ が正則であることが示された． ◂

この定理1.1 からわかるように，正則関数の実部と虚部はコーシー・リーマンの方程式を満たすので，それらは互いに独立ではありえないことに注意しよう．

例 1.3 $u = x^3 - 3xy^2$ を実部にもつ正則関数 $f(z)$ $(z = x+iy)$ を求めよ．

【解】 $f(z) = u + iv$ とおくと，コーシー・リーマンの方程式より，

$$\frac{\partial v}{\partial y} = \frac{\partial u}{\partial x} = 3x^2 - 3y^2, \quad \frac{\partial v}{\partial x} = -\frac{\partial u}{\partial y} = 6xy$$

が成立する．第1式を積分すると，$\phi(x)$ を x の任意の関数として，

$$v = 3x^2 y - y^3 + \phi(x)$$

となる．これを第2式に代入すれば，

$$6xy + \phi'(x) = 6xy \quad \text{すなわち} \quad \phi'(x) = 0$$

となるので，$\phi(x) = C$（定数）である．したがって，$v = 3x^2 y - y^3 + C$ であり，$f(z)$ は次のようになる．

$$f(z) = x^3 - 3xy^2 + i(3x^2 y - y^3 + C) = (x+iy)^3 + iC = z^3 + iC$$

問 1.8 $u = x^2 - y^2$ を実部にもつ正則関数 $f(z)$ $(z = x+iy)$ を求めよ．

1.3 正則関数

例 1.4 $f(z) = z\bar{z}$ は $z = 0$ で微分可能であるが,正則ではないことを示せ.

【解】 $z = x + iy$ とすれば,$f(z) = z\bar{z} = x^2 + y^2$ であるから,
$$u = x^2 + y^2, \quad v = 0$$
となる.したがって,
$$u_x = 2x, \quad u_y = 2y, \quad v_x = 0, \quad v_y = 0$$
となり,これらの偏導関数は,至るところ連続である.ここで,$z = 0$ のときのみ,コーシー・リーマンの方程式が成立するので,$f(z)$ は $z = 0$ で微分可能で,その微分係数は 0 である.しかし,$z = 0$ 以外では,コーシー・リーマンの方程式が成立しないので,$z = 0$ で正則ではない.

問 1.9 次の関数 $f(z)$ $(z = x + iy)$ の正則性を調べ,正則ならその導関数を求めよ.
(1) $f(z) = \bar{z}$ (2) $f(z) = x^2 + iy^2$ (3) $f(z) = z^2$

例 1.5 領域 D で正則な関数 $f(z)$ は,次のいずれかの条件を満たせば,D で定数であることを証明せよ.
(1) $f'(z) = 0$ (2) $\mathrm{Re}\, f(z) = $ 定数 (3) $|f(z)| = $ 定数

【解】 (1) 式 (1.24) より $f'(z) = u_x + iv_x = v_y - iu_y = 0$ であるので,$u_x = u_y = v_x = v_y = 0$ となり,u, v はともに定数である.したがって,$f(z) = u + iv$ も定数である.

(2) u が定数であるので $u_x = u_y = 0$ となり,式 (1.23) より $v_x = v_y = 0$ が得られるので,$f(z) = u + iv$ は定数である.

(3) $|f(z)|^2 = u^2 + v^2$ が定数であるから,
$$uu_x + vv_x = 0, \quad uu_y + vv_y = 0$$
となる.ここで,式 (1.23) より,
$$uu_x - vu_y = 0, \quad vu_x + uu_y = 0$$
となるので,
$$(uu_x - vu_y)^2 + (vu_x + uu_y)^2 = (u^2 + v^2)(u_x^2 + u_y^2) = 0$$
が得られる.したがって,

$u^2 + v^2 = 0$ のときは $u = v = 0$ となり,$f(z) \equiv 0$ である.

$u^2 + v^2 \neq 0$ のときは $u_x = u_y = 0$ で u は定数となるので,式 (1.2) より $f(z) = u + iv$ は定数である.

さて，あとの 2.3 節の定理 2.8 (36 ページ) でわかるように，$f(z) = u(x,y) + iv(x,y)$ が正則であれば，$f(z)$ は何回でも微分可能である．したがって，$u(x,y)$，$v(x,y)$ の x, y に関するすべての階数の偏導関数が存在して連続になるので，コーシー・リーマンの方程式より，

$$\frac{\partial^2 u}{\partial x^2} = \frac{\partial}{\partial x}\left(\frac{\partial v}{\partial y}\right) = \frac{\partial^2 v}{\partial x \partial y}, \quad \frac{\partial^2 u}{\partial y^2} = \frac{\partial}{\partial y}\left(-\frac{\partial v}{\partial x}\right) = -\frac{\partial^2 v}{\partial y \partial x}$$

となり，

$$\frac{\partial^2 u}{\partial x^2} + \frac{\partial^2 u}{\partial y^2} = 0$$

が得られる．また，v についても同様に，

$$\frac{\partial^2 v}{\partial x^2} + \frac{\partial^2 v}{\partial y^2} = 0$$

が得られるので，正則関数の実部と虚部は，ともに 2 次元**ラプラス方程式** (Laplace's equation)

$$\Delta f = \frac{\partial^2 f}{\partial x^2} + \frac{\partial^2 f}{\partial y^2} = 0 \tag{1.25}$$

を満たし，**調和関数** (harmonic function) であることがわかる．

複素関数 $w = f(z)$ は，z 平面上の図形を w 平面上の図形に対応させる写像を与えるが，$f(z)$ が正則関数であれば，次のようなきわだった幾何学的な性質がある．

定理 1.2 等角写像

関数 $w = f(z)$ は，領域 D で正則で，D 内の点 z_0 において $f'(z_0) \neq 0$ であるとする．

点 z_0 を通る 2 つの曲線 C_1, C_2 が，点 $w_0 = f(z_0)$ を通る 2 つの曲線 Γ_1, Γ_2 に写像されるとき，点 z_0 における C_1, C_2 の接線のなす角は，点 w_0 における Γ_1, Γ_2 の接線のなす角と大きさも向きも等しい．

このとき，$w = f(z)$ による写像は，点 z_0 において**等角写像** (conformal mapping) であるという (図 1.3 参照)．

(証明) C_1, C_2 上に z_0 に近い点 z_1, z_2 をとり，その像を $w_1 = f(z_1)$, $w_2 = f(z_2)$ とすれば，w_1, w_2 は，それぞれ Γ_1, Γ_2 上にある．$w = f(z)$ は点 z_0 で微分可能であるから，

$$\lim_{z_1 \to z_0} \frac{w_1 - w_0}{z_1 - z_0} = \lim_{z_2 \to z_0} \frac{w_2 - w_0}{z_2 - z_0} = f'(z_0)$$

となり，しかも $f'(z_0) \neq 0$ であるから，$\arg f'(z_0)$ の値は確定する．

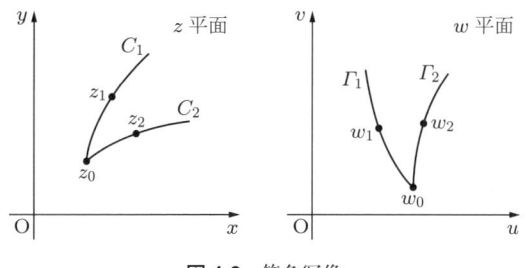

図 1.3 等角写像

したがって，この式の偏角をとれば，2π の整数倍を除いて，

$$\lim_{z_1 \to z_0}\{\arg(w_1 - w_0) - \arg(z_1 - z_0)\} = \lim_{z_2 \to z_0}\{\arg(w_2 - w_0) - \arg(z_2 - z_0)\}$$
$$= \arg f'(z_0)$$

すなわち，

$$\lim_{z_1, z_2 \to z_0}\{\arg(w_2 - w_0) - \arg(w_1 - w_0)\} = \lim_{z_1, z_2 \to z_0}\{\arg(z_2 - z_0) - \arg(z_1 - z_0)\}$$

が成立する．ここで，左辺は曲線 $\varGamma_1$ が $\varGamma_2$ となす角を表し，右辺は曲線 C_2 が C_1 となす角を表すので，それらの大きさも向きも等しいことが示された． ◀

問 1.10 $w = f(z) = z^2$ は $f'(0) = 0$ となるので，原点では等角写像ではないことを確かめよ．

1.4 初等関数

複素変数 $z = x + iy$ に対して，

$$e^z = e^{x+iy} = e^x(\cos y + i \sin y) \tag{1.26}$$

で定義される関数 e^z を，**指数関数** (exponential function) という．ここで，$y = 0$ とおくと式 (1.26) は実変数 x の指数関数 e^x となるので，e^z は実変数 x の指数関数 e^x の自然な拡張とみなせる．また，$x = 0$ とおくと，

$$e^{iy} = \cos y + i \sin y \tag{1.27}$$

となるが，これは**オイラーの公式** (Euler's formula) とよばれるものである．

オイラーの公式を用いると，複素数の極形式を，

$$z = r(\cos\theta + i\sin\theta) = re^{i\theta} \tag{1.28}$$

と表すことができる．

指数関数は，次の性質をもつことが容易にわかる．

$$|e^z| = e^{\operatorname{Re} z}, \qquad \arg e^z = \operatorname{Im} z + 2n\pi \quad (n:\text{整数}) \tag{1.29}$$

$$e^{z_1+z_2} = e^{z_1} e^{z_2} \quad (\text{指数関数の加法定理}) \tag{1.30}$$

問 1.11 公式 (1.29), (1.30) を証明せよ.

指数関数 e^z は, z 平面の全平面で正則で, その導関数は,

$$(e^z)' = e^z \tag{1.31}$$

で与えられる.

実際, 式 (1.26) より実部は $u = e^x \cos y$ で, 虚部は $v = e^x \sin y$ であるから,

$$u_x = e^x \cos y = v_y, \qquad u_y = -e^x \sin y = -v_x$$

となり, コーシー・リーマンの方程式を満たす. また, 公式 (1.24) より,

$$(e^z)' = u_x + iv_x = e^x \cos y + ie^x \sin y = e^z$$

となる.

2つの複素数 $z_1 = x_1 + iy_1$, $z_2 = x_2 + iy_2$ に対して,

$$e^{z_1} = e^{z_2}$$

であれば, 式 (1.30) より,

$$e^{z_1} e^{-z_2} = e^{z_1-z_2} = e^{x_1-x_2} \{\cos(y_1-y_2) + i\sin(y_1-y_2)\} = 1$$

となるので, 両辺の絶対値と偏角を比較して,

$$x_1 = x_2, \qquad y_1 + 2n\pi = y_2$$

が得られる. したがって,

$$z_2 = z_1 + 2n\pi i \quad (n:\text{整数})$$

となり, 指数関数 e^z は虚数の周期 $2\pi i$ をもつという, 実数の場合にはなかった性質が現れる. このことは, 幾何学的には $w = e^z$ において, z 平面上の虚軸に平行な直線上に 2π の間隔で並んでいる無数の点に対応する w の値がすべて等しいことを意味する. したがって, この関数の性質は, z 平面上の帯状の範囲 $-\pi < \operatorname{Im} z \leqq \pi$ における e^z により完全に決まることになる.

複素変数 z の**三角関数** (trigonometric function) $\cos z$, $\sin z$ を, 指数関数により,

$$\cos z = \frac{e^{iz} + e^{-iz}}{2}, \qquad \sin z = \frac{e^{iz} - e^{-iz}}{2i} \tag{1.32}$$

で定義すれば, これらはともに z 平面の全平面で正則で,

$$(\cos z)' = -\sin z, \qquad (\sin z)' = \cos z \tag{1.33}$$

となることがわかる．

ほかの三角関数は，実変数の場合と同様に，次のように定義される．

$$\left.\begin{array}{l}\tan z = \dfrac{\sin z}{\cos z}, \qquad \cot z = \dfrac{\cos z}{\sin z} \\[6pt] \sec z = \dfrac{1}{\cos z}, \qquad \operatorname{cosec} z = \dfrac{1}{\sin z}\end{array}\right\} \tag{1.34}$$

いま，式 (1.32) の両辺の平方をそれぞれ辺々加えれば，

$$\sin^2 z + \cos^2 z = 1 \tag{1.35}$$

となることがわかる．また，式 (1.32) から e^{iz} と e^{-iz} を求めれば，オイラーの公式の一般化とみなせる，次の関係式が得られる．

$$e^{iz} = \cos z + i \sin z, \qquad e^{-iz} = \cos z - i \sin z \tag{1.36}$$

式 (1.32)，(1.30)，(1.36) を用いれば，

$$\begin{aligned}\cos(z_1 + z_2) &= \frac{1}{2}(e^{i(z_1+z_2)} + e^{-i(z_1+z_2)}) \\ &= \frac{1}{2}(e^{iz_1}e^{iz_2} + e^{-iz_1}e^{-iz_2}) \\ &= \frac{1}{2}\{(\cos z_1 + i\sin z_1)(\cos z_2 + i\sin z_2) \\ &\qquad + (\cos z_1 - i\sin z_1)(\cos z_2 - i\sin z_2)\} \\ &= \cos z_1 \cos z_2 - \sin z_1 \sin z_2\end{aligned}$$

となる．同様に，

$$\begin{aligned}\sin(z_1 + z_2) &= \frac{1}{2i}(e^{iz_1}e^{iz_2} - e^{-iz_1}e^{-iz_2}) \\ &= \frac{1}{2i}\{(\cos z_1 + i\sin z_1)(\cos z_2 + i\sin z_2) \\ &\qquad - (\cos z_1 - i\sin z_1)(\cos z_2 - i\sin z_2)\} \\ &= \sin z_1 \cos z_2 + \cos z_1 \sin z_2\end{aligned}$$

となるので，結局，次の加法定理が得られる．

$$\left.\begin{array}{l}\cos(z_1 + z_2) = \cos z_1 \cos z_2 - \sin z_1 \sin z_2 \\ \sin(z_1 + z_2) = \sin z_1 \cos z_2 + \cos z_1 \sin z_2\end{array}\right\} \tag{1.37}$$

指数関数 e^z の周期は $2\pi i$ であるから，e^{iz} と e^{-iz} の周期は 2π となり，$\sin z$ と $\cos z$ は，いずれも周期 2π の周期関数である．

このように，$\cos z, \sin z$ は，それぞれ実変数 x の三角関数 $\cos x, \sin x$ の一般化であることがわかる．

複素変数 z の**双曲線関数** (hyperbolic function) も，指数関数により，

$$\cosh z = \frac{e^z + e^{-z}}{2}, \qquad \sinh z = \frac{e^z - e^{-z}}{2} \tag{1.38}$$

で定義すれば，これらはともに z 平面の全平面で正則で，

$$(\cosh z)' = \sinh z, \qquad (\sinh z)' = \cosh z \tag{1.39}$$

となる．そのほかの双曲線関数は，

$$\left.\begin{aligned}\tanh z &= \frac{\sinh z}{\cosh z}, & \coth z &= \frac{\cosh z}{\sinh z} \\ \operatorname{sech} z &= \frac{1}{\cosh z}, & \operatorname{cosech} z &= \frac{1}{\sinh z}\end{aligned}\right\} \tag{1.40}$$

で定義される．

式 (1.38) の両辺の平方をそれぞれ辺々引けば，恒等式

$$\cosh^2 z - \sinh^2 z = 1 \tag{1.41}$$

が得られる．また，式 (1.38) から e^z と e^{-z} を求めれば，

$$e^z = \cosh z + \sinh z, \qquad e^{-z} = \cosh z - \sinh z \tag{1.42}$$

が導かれる．

式 (1.38)，(1.30)，(1.42) を用いれば，次の加法定理が，ただちに導かれる．

$$\left.\begin{aligned}\cosh(z_1 + z_2) &= \cosh z_1 \cosh z_2 + \sinh z_1 \sinh z_2 \\ \sinh(z_1 + z_2) &= \sinh z_1 \cosh z_2 + \cosh z_1 \sinh z_2\end{aligned}\right\} \tag{1.43}$$

問 1.12 加法定理 (1.43) が成立することを確かめよ．

指数関数 e^z の周期は $2\pi i$ であるから，$\sinh z$ と $\cosh z$ はともに周期 $2\pi i$ の周期関数となる．

三角関数と双曲線関数との関係は，それらの定義式と加法定理により，次の公式で与えられることがわかる．

$$\left.\begin{aligned}\cos(iy) &= \cosh y \\ \sin(iy) &= i \sinh y\end{aligned}\right\} \tag{1.44}$$

$$\left.\begin{aligned}\sin(x + iy) &= \sin x \cosh y + i \cos x \sinh y \\ \cos(x + iy) &= \cos x \cosh y - i \sin x \sinh y\end{aligned}\right\} \tag{1.45}$$

$$\left.\begin{aligned}\cosh(iy) &= \cos y \\ \sinh(iy) &= i \sin y\end{aligned}\right\} \tag{1.46}$$

$$\left.\begin{array}{l}\sinh(x+iy) = \sinh x \cos y + i \cosh x \sin y \\ \cosh(x+iy) = \cosh x \cos y + i \sinh x \sin y\end{array}\right\} \quad (1.47)$$

問 1.13 公式 (1.44)〜(1.47) が成立することを確かめよ.

例 1.6 方程式 $\cos z = 2$ を解け.

【解】 $\cos z = \cos(x+iy) = \cos x \cosh y - i \sin x \sinh y = 2$ より,

$$\cos x \cosh y = 2, \quad \sin x \sinh y = 0$$

となる. 第2式より $\sin x = 0$ あるいは $\sinh y = 0$, すなわち $x = n\pi$ あるいは $y = 0$ となるが, $y = 0$ のときは, 第1式より $\cos x = 2$ となり不適である. $x = n\pi$ のときは, 第1式において $\cosh y > 0$ であることを考慮すれば, $\cos n\pi = (-1)^n$ も正でなければならない. すなわち, $n = 2m$ (m:整数) となる. このとき, 第1式は,

$$\cosh y = \frac{e^y + e^{-y}}{2} = 2 \quad \text{すなわち} \quad e^{2y} - 4e^y + 1 = 0$$

となり,

$$e^y = 2 \pm \sqrt{3} \quad \text{すなわち} \quad y = \log_e(2 \pm \sqrt{3})$$

が得られる. したがって,

$$z = 2m\pi + i\log_e(2 \pm \sqrt{3}) \quad (m:整数)$$

ここで, 例 1.6 からわかるように, 実変数 x のときに成立する不等式 $|\sin x| \leq 1$, $|\cos x| \leq 1$ は, 複素変数の場合には成立しないことに注意しよう.

問 1.14 方程式 $\sin z = i$ を解け.

1.5 逆関数

正則関数 $w = f(z)$ が与えられたとき, この式の z と w をおきかえた式 $z = f(w)$ が w について解けるものとし, その解を $w = g(z)$ とする. このとき得られる z の関数 $w = g(z)$ を, $f(z)$ の**逆関数** (inverse function) という. あとで示すように, 正則関数の実部と虚部の偏導関数はすべて連続であるから, 正則関数の逆関数に対して, 実変数の逆関数と類似の次の定理が成立する.

> **定理 1.3** 逆関数の存在
>
> 関数 $w = f(z)$ は領域 D で正則で，D 内の点 z_0 において $f'(z_0) \neq 0$ とする．このとき，$w = f(z)$ によって，z_0 の十分小さい近傍は $w_0 = f(z_0)$ のある近傍と 1 対 1 に対応する．すなわち，w_0 のある近傍で $w = f(z)$ の 1 価の逆関数 $z = g(w)$ が存在する．さらに，$g(w)$ は w_0 で正則で，w_0 の近傍で，
> $$g'(w) = \frac{1}{f'(z)} \tag{1.48}$$
> が成立する．

(証明)* $z = x + iy$, $w = u + iv$ とおくと，$f(z)$ の正則性より，
$$u = u(x, y), \qquad v = v(x, y) \tag{1.49}$$
は D 内で微分可能で，しかも u, v の偏導関数は連続である．このとき，式 (1.49) の**ヤコビアン** (Jacobian) は，コーシー・リーマンの方程式より，

$$J(x, y) = \frac{\partial(u, v)}{\partial(x, y)} = \begin{vmatrix} u_x & u_y \\ v_x & v_y \end{vmatrix} = \begin{vmatrix} u_x & -v_x \\ v_x & u_x \end{vmatrix} = u_x{}^2 + v_x{}^2$$

となるので，公式 (1.24) を利用すれば，

$$J(x, y) = |f'(z)|^2$$

となる．ここで，$z_0 = x_0 + iy_0$ とおけば，仮定 $f'(z_0) \neq 0$ より，点 (x_0, y_0) で $J(x_0, y_0) \neq 0$ であるから，ヤコビアンの連続性を考慮すれば，点 (x_0, y_0) の十分小さい近傍でも $J(x, y) \neq 0$ となる．

したがって，陰関数の定理より，点 z_0 の近傍は点 $w_0 = f(z_0)$ のある近傍と 1 対 1 に対応することがわかる．しかも w_0 の近傍で，式 (1.49) の逆関数

$$z = g(w) = \varphi(u, v) + i\psi(u, v)$$

が一意的に定まり，$x = \varphi(u, v)$，$y = \psi(u, v)$ の偏導関数は連続である．

このとき，関係式
$$u(\varphi(u, v), \psi(u, v)) = u, \qquad v(\varphi(u, v), \psi(u, v)) = v \tag{1.50}$$
を u, v について偏微分すると，

$$u_x \varphi_u + u_y \psi_u = 1, \qquad u_x \varphi_v + u_y \psi_v = 0$$
$$v_x \varphi_u + v_y \psi_u = 0, \qquad v_x \varphi_v + v_y \psi_v = 1$$

となるので，これから，

$$\left. \begin{aligned} \varphi_u &= \frac{v_y}{J}, & \psi_u &= -\frac{v_x}{J} \\ \varphi_v &= -\frac{u_y}{J}, & \psi_v &= \frac{u_x}{J} \end{aligned} \right\} \tag{1.51}$$

が得られる．ここで，u, v に対するコーシー・リーマンの方程式を用いれば，

$$\varphi_u = \psi_v, \qquad \varphi_v = -\psi_u$$

となり，逆関数 $z = g(w) = \varphi + i\psi$ がコーシー・リーマンの方程式を満たし，正則であることが示された．

さらに，式 (1.51) より，

$$g'(w) = \varphi_u + i\psi_u = \frac{v_y - iv_x}{J} = \frac{u_x - iv_x}{u_x{}^2 + v_x{}^2} = \frac{1}{u_x + iv_x} = \frac{1}{f'(z)}$$

が成立することがわかる．

以下では，逆関数の代表的な例として，べき根，対数関数，逆三角関数を取り上げてみよう．

■ べき根 (power root)

一例として，関数 $w = z^3$ の逆関数について考えてみよう．

まず，z と w をおきかえた式 $w^3 = z$ に $z = re^{i\theta}$, $w = Re^{i\Theta}$ を代入すれば，$R^3 e^{3i\Theta} = re^{i\theta}$ となるので，原点以外では，

$$R = \sqrt[3]{r}, \qquad \Theta = \frac{\theta}{3} + \frac{2n\pi}{3} \quad (n：整数)$$

となる．したがって，$w = z^3$ の逆関数は，

$$w_0 = \sqrt[3]{r}e^{i\theta/3}, \qquad w_1 = w_0 e^{i2\pi/3}, \qquad w_2 = w_0 e^{i4\pi/3} \tag{1.52}$$

で与えられる．

z^3 の逆関数は，z の3乗根とよばれるが，これを $\sqrt[3]{z}$ で表せば，1つの $z \neq 0$ の値に対して $\sqrt[3]{z}$ の3つの値 w_0, w_1, w_2 が対応するので，$\sqrt[3]{z}$ は3価関数である．ここで，$0 \leq \theta < 2\pi$ のときの w_0 を $\sqrt[3]{z}$ の主値といい，w_0, w_1, w_2 のおのおのを $\sqrt[3]{z}$ の**分岐** (branch) という．このように，関数 $w = \sqrt[3]{z}$ は，その3つの分岐をひとまとめにしたものであるとみなせる．

分岐についてもう少し詳しく調べるため，まず，図 1.4 のように，点 z が z 平面上の原点Oを内部に含むような閉曲線 C に沿って反時計まわりに1周する場合を考える．このとき，$z = re^{i\theta}$ の偏角 θ は，θ から $\theta + 2\pi$ に変化するので，w_0 は w_1 へ，w_1 は w_2 へ，w_2 は w_0 へそれぞれ

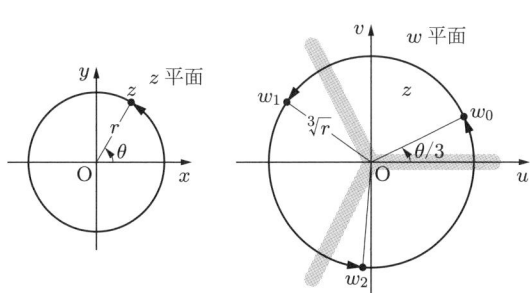

図 1.4 $w = \sqrt[3]{z}$ の分岐と分岐点

移動する．このように，3 つの分岐 w_0, w_1, w_2 は互いに密接な関係をもち，1 つの分岐がほかの分岐に移ることがわかる．

これに対して，図 1.5 のように原点を内部に含まないような閉曲線 C に沿って点 z を反時計まわりに 1 周させると，z の偏角が変化しても，結局もとの値にもどるから，各分岐 w_0, w_1, w_2 も，それぞれもとの値にもどってしまう．このように，原点 O は特別な性質をもっており，点 $z = 0$ を関数 $w = \sqrt[3]{z}$ の**分岐点** (branch point) という．

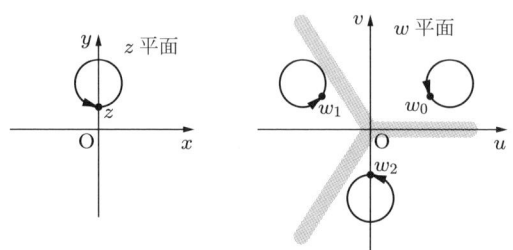

図 1.5 $w = \sqrt[3]{z}$ の分岐

一般に，正則関数 $f(z)$ の逆関数を $g(z)$ とおくとき，z 平面上の点 z が点 a を内部に含むような任意の閉曲線に沿って 1 周すれば，$g(z)$ の値が 1 つの分岐からほかの分岐に移るとき，点 a を $g(z)$ の分岐点という．

さて，公式 (1.48) より，$\sqrt[3]{z}$ の導関数は $z \neq 0$ において，

$$\frac{d\sqrt[3]{z}}{dz} = 1\bigg/\bigg(\frac{dw^3}{dw}\bigg) = \frac{1}{3w^2} = \frac{1}{3(\sqrt[3]{z})^2} \quad (w = \sqrt[3]{z},\ z \neq 0)$$

すなわち，

$$\frac{d}{dz}\sqrt[3]{z} = \frac{1}{3(\sqrt[3]{z})^2} \quad (z \neq 0) \tag{1.53}$$

となるが，$\sqrt[3]{z}$ は $z = 0$ では微分可能ではない．

さらに，z の n 乗根 $\sqrt[n]{z}$ も同様に定義され，z の n 価関数であることがわかる．すなわち，関数 z^n の逆関数を $\sqrt[n]{z}$ で表せば，その分岐点は $z = 0$ で n 個の分岐

$$w_0 = \sqrt[n]{r}e^{i\theta/n},\ w_1 = w_0 e^{i2\pi/n},\ \cdots,\ w_{n-1} = w_0 e^{i2(n-1)\pi/n}$$
$$(r \geqq 0,\ 0 \leqq \theta < 2\pi) \tag{1.54}$$

がある．

また，その導関数は $z \neq 0$ において，

$$\frac{d}{dz}\sqrt[n]{z} = \frac{1}{n(\sqrt[n]{z})^{n-1}} \quad (z \neq 0) \tag{1.55}$$

で与えられる.

■ **対数関数** (logarithmic function)

指数関数 e^z の逆関数を z の対数関数といい，記号 $\log z$ で表す.

いま，$e^w = z$ に $z = re^{i\theta}$，$w = \log z = u + iv$ を代入すれば，
$$e^u e^{iv} = re^{i\theta}$$
となるので，
$$u = \log r, \quad v = \theta + 2n\pi \quad (n：整数)$$
となる．したがって，$\log z$ は無限個の分岐
$$\left.\begin{aligned} w_0 &= \log r + i\theta \\ w_{\pm 1} &= \log r + i(\theta \pm 2\pi) = w_0 \pm 2\pi i \\ &\vdots \\ w_{\pm n} &= \log r + i(\theta \pm 2n\pi) = w_0 \pm 2n\pi i \\ &\vdots \end{aligned}\right\} \tag{1.56}$$
をもつ (無限) 多価関数である．これらをまとめて簡単に書くと，
$$\log z = \log r + i(\theta + 2n\pi) \quad (n：整数)$$
あるいは，
$$\log z = \log |z| + i \arg z \quad (-\infty < \arg z < \infty) \tag{1.57}$$
となる．ここで，$-\pi < \arg z \leqq \pi$ に対する $\log z$ の値を，$\log z$ の主値といい，$\mathrm{Log}\, z$ で表す．

公式 (1.48) より，$\log z$ の導関数は，
$$\frac{d}{dz} \log z = 1 \Big/ \Big(\frac{de^w}{dw}\Big) = \frac{1}{e^w} = \frac{1}{z} \quad (w = \log z,\ z \neq 0)$$
すなわち，
$$\frac{d}{dz} \log z = \frac{1}{z} \quad (z \neq 0) \tag{1.58}$$
となるが，$\log z$ は $z = 0$ で微分可能ではない．

対数関数 $w = \log z$ の分岐点は $z = 0$ であり，各分岐 $\cdots w_{-2},\ w_{-1},\ w_0,\ w_1,\ w_2,\ \cdots$ は，図 1.6 のように w 平面で帯状の領域内に分布している．また，点 z が分岐点 $z = 0$ のまわりを反時計まわりに 1 周すれば，おのおのの分岐は，すぐ隣りの分岐に移動することがわかる.

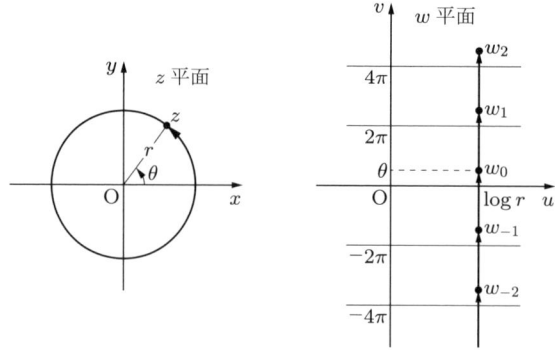

図 1.6 $w = \log z$ の分岐と分岐点

■ **逆三角関数** (inverse trigonometric function)

正弦 $\sin z$ の逆関数を z の逆正弦といい，記号 $\sin^{-1} z$ あるいは $\arcsin z$ で表す．このとき，
$$z = \sin w = \frac{e^{iw} - e^{-iw}}{2i}$$
を変形すれば，
$$(e^{iw})^2 - 2iz(e^{iw}) - 1 = 0 \quad \text{すなわち} \quad e^{iw} = iz \pm \sqrt{1-z^2}$$
となるので，
$$w = \sin^{-1} z = \frac{1}{i} \log\left(iz \pm \sqrt{1-z^2}\right) \tag{1.59}$$
となる．同様に，余弦 $\cos z$ の逆関数を z の逆余弦といい，記号 $\cos^{-1} z$ あるいは $\arccos z$ で表せば，
$$w = \cos^{-1} z = \frac{1}{i} \log\left(z \pm i\sqrt{1-z^2}\right) \tag{1.60}$$
となることがわかる．

さらに，双曲線関数 $\sinh z$，$\cosh z$ の逆関数を，それぞれ記号 $\sinh^{-1} z$，$\cosh^{-1} z$ で表せば，
$$\sinh^{-1} z = \log\left(z \pm \sqrt{z^2 + 1}\right) \tag{1.61}$$
$$\cosh^{-1} z = \log\left(z \pm \sqrt{z^2 - 1}\right) \tag{1.62}$$
となることも容易に示される．

問 1.15 公式 (1.60)～(1.62) が成立することを確かめよ．

問 1.16 次の関数の分岐点を求めよ．
(1) $\log(1+z)$ (2) $\sin^{-1} z$ (3) $\cosh^{-1} z$

問 1.17 複素数 $a \neq 0$ に対して，複素関数 $w = a^z$ を，
$$a^z = e^{z \log a}$$
で定義する．このとき，次の関係式を示せ．
(1) $a^z = \exp\{z(\log|a| + i \arg a + 2n\pi i)\}$ （n：整数）
(2) $i^i = \exp(-\pi/2 - 2n\pi)$

演習問題［1］

1.1 任意の複素数 $\alpha_1, \alpha_2, \beta_1, \beta_2$ に対して，次の等式を証明せよ．
$$|\alpha_1 \beta_1 + \alpha_2 \beta_2|^2 = (|\alpha_1|^2 + |\alpha_2|^2)(|\beta_1|^2 + |\beta_2|^2) - |\alpha_1 \overline{\beta_2} - \alpha_2 \overline{\beta_1}|^2$$

1.2 任意の複素数 α_i, β_i $(i = 1, \cdots, n)$ に対する，次の**コーシー・シュワルツの不等式** (Cauchy–Schwarz inequality) を証明せよ．
$$\left|\sum_{i=1}^{n} \alpha_i \beta_i\right|^2 \leq \sum_{i=1}^{n} |\alpha_i|^2 \sum_{i=1}^{n} |\beta_i|^2$$

1.3 任意の整数 n に対する**ド・モアブルの公式** (De Moivre formula)
$$(\cos\theta \pm i \sin\theta)^n = \cos n\theta \pm i \sin n\theta$$
を証明せよ．

1.4 次の関数の原点での連続性を調べよ．

(1) $f(z) = \begin{cases} \dfrac{\mathrm{Re}\, z}{|z|} & (z \neq 0) \\ 0 & (z = 0) \end{cases}$ (2) $f(z) = \begin{cases} \dfrac{(\mathrm{Re}\, z)^2}{|z|} & (z \neq 0) \\ 0 & (z = 0) \end{cases}$

(3) $f(z) = \begin{cases} \dfrac{\mathrm{Im}\, z}{1 + |z|} & (z \neq 0) \\ 0 & (z = 0) \end{cases}$

1.5 次の関数の微分可能性を調べよ．
(1) $f(z) = \mathrm{Re}\, z$ (2) $f(z) = \mathrm{Im}\, z$ (3) $f(z) = z|z|$

1.6 z を極形式 $z = r(\cos\theta + i \sin\theta)$ で表せば，コーシー・リーマンの方程式は，
$$\frac{\partial u}{\partial r} = \frac{1}{r} \frac{\partial v}{\partial \theta}, \quad \frac{\partial v}{\partial r} = -\frac{1}{r} \frac{\partial u}{\partial \theta}$$
と表されることを示せ．また，$f(z)$ が正則であれば，
$$f'(z) = \frac{r}{z}\left(\frac{\partial u}{\partial r} + i \frac{\partial v}{\partial r}\right) = \frac{1}{z}\left(\frac{\partial v}{\partial \theta} - i \frac{\partial u}{\partial \theta}\right)$$
となることを示せ．

1.7 $x = (z + \overline{z})/2$, $y = (z - \overline{z})/2i$ より，$w = u(x, y) + iv(x, y) = F(z, \overline{z})$ と表せば，コーシー・リーマンの方程式は，

$$\frac{\partial F(z,\overline{z})}{\partial \overline{z}} = 0$$

と同値であることを示せ.

1.8 $f(z)$ が正則であれば,次式が成立することを示せ.

$$\left(\frac{\partial^2}{\partial x^2} + \frac{\partial^2}{\partial y^2}\right)|f(z)|^2 = 4|f'(z)|^2$$

また,これを利用して,$|f(z)|$ が定数のとき,$f(z)$ も定数であることを示せ.

1.9 次の関数を実部にもつ正則関数 $f(z)$ ($z=x+iy$) を求めよ.

(1) $x/(x^2+y^2-2y+1)$ (2) $e^x(x\cos y - y\sin y)$

(3) $\sin x/(\cos x + \cosh y)$

1.10 正則関数 $f(z)$ の実部 u と虚部 v が,

$$u - v = (x-y)(x^2 + 4xy + y^2)$$

を満たすとき,$f(z)$ ($z=x+iy$) を求めよ.

1.11 $w = 1/z$ による写像は,円を円に変換することを示せ.

1.12 次の方程式を解け.

(1) $e^z = 1 - i$ (2) $\sin z = 2$ (3) $\sinh z = i$

1.13 $z = x + iy$ のとき,次の不等式を証明せよ.

(1) $|\sin z| \geq \dfrac{1}{2}|e^{-y} - e^y|$ (2) $|\cos z| \geq \dfrac{1}{2}|e^{-y} - e^y|$

(3) $|\tan z| \geq \dfrac{|e^y - e^{-y}|}{e^y + e^{-y}}$

1.14 次の加法定理を証明せよ.

$$\tanh(z_1 \pm z_2) = \frac{\tanh z_1 \pm \tanh z_2}{1 \pm \tanh z_1 \tanh z_2}$$

第2章 複素積分

2.1 複素積分の定義と性質

領域 D で定義された連続関数 $f(z)$ に対して，D 内の区分的に滑らかな (piecewise smooth) 曲線 C に沿っての積分を定義してみよう．ここで，曲線 C を媒介変数 t で，

$$z = z(t) = x(t) + iy(t) \quad (a \leqq t \leqq b) \tag{2.1}$$

と表すとき，その導関数 $x'(t)$, $y'(t)$ が連続であれば，曲線 C は**滑らか** (smooth) であるといい，有限個の滑らかな曲線を連結して得られる曲線を，**区分的に滑らかな曲線**という．以下ではとくに断わらない限り，区分的に滑らかな曲線を考えることにする．

いま，図 2.1 のように，複素平面上の点 $P(z = z_0)$ から点 $Q(z = z_n)$ に至る曲線 C を n 個の部分弧に分割し，分割点をそれぞれ $z_1, z_2, \cdots, z_{n-1}$ とする．さらに，おのおのの部分弧 $\widehat{z_{j-1} z_j}$ の上に任意の点 ζ_j $(j = 1, 2, \cdots, n)$ をとり，有限和

$$S_n = \sum_{j=1}^{n} f(\zeta_j)(z_j - z_{j-1}) \tag{2.2}$$

をつくる．

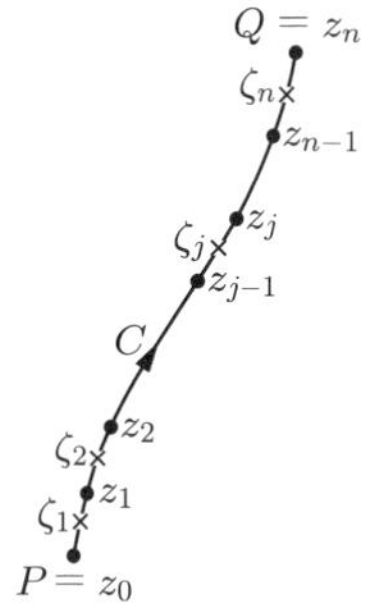

図 **2.1** 曲線 C の分割

C 上の点 $z_0, z_1, \cdots, z_n$; $\zeta_1, \zeta_2, \cdots, \zeta_n$ に対応する曲線 C の媒介変数 t の値を，それぞれ $a = t_0, t_1, \cdots, t_n = b$; $\tau_1, \tau_2, \cdots, \tau_n$ とおけば，

$$z_j = x(t_j) + iy(t_j), \qquad \zeta_j = x(\tau_j) + iy(\tau_j) \quad (t_{j-1} \leqq \tau_j \leqq t_j)$$

と表されるので，$f(z) = u(x, y) + iv(x, y)$ $(z = x + iy)$ とおいて，式 (2.2) を t の関数として表せば，次のようになる．

$$\begin{aligned} S_n = &\sum_{j=1}^{n} \{u(x(\tau_j), y(\tau_j)) + iv(x(\tau_j), y(\tau_j))\} \\ &\times \{(x(t_j) - x(t_{j-1})) + i(y(t_j) - y(t_{j-1}))\} \end{aligned}$$

$$= \sum_{j=1}^{n} u(x(\tau_j), y(\tau_j))(x(t_j) - x(t_{j-1}))$$

$$- \sum_{j=1}^{n} v(x(\tau_j), y(\tau_j))(y(t_j) - y(t_{j-1}))$$

$$+ i \sum_{j=1}^{n} u(x(\tau_j), y(\tau_j))(y(t_j) - y(t_{j-1}))$$

$$+ i \sum_{j=1}^{n} v(x(\tau_j), y(\tau_j))(x(t_j) - x(t_{j-1}))$$

ここで，n を限りなく大きくし，$|\Delta| = \max_{1 \leq j \leq n} |t_j - t_{j-1}| \to 0$ とすれば，右辺の 4 つの和は τ_j のとり方には無関係に収束し，媒介変数 t による積分となる．すなわち，

$$\int_C u(x,y)dx = \int_a^b u(x(t), y(t))x'(t)dt$$

$$\int_C v(x,y)dy = \int_a^b v(x(t), y(t))y'(t)dt$$

$$\int_C u(x,y)dy = \int_a^b u(x(t), y(t))y'(t)dt$$

$$\int_C v(x,y)dx = \int_a^b v(x(t), y(t))x'(t)dt$$

となる．したがって，$|\Delta| \to 0$ のとき，

$$S_n \to \int_C (u(x,y)dx - v(x,y)dy) + i \int_C (u(x,y)dy + v(x,y)dx)$$

$$= \int_a^b u(x(t), y(t))x'(t)dt - \int_a^b v(x(t), y(t))y'(t)dt$$

$$+ i \int_a^b u(x(t), y(t))y'(t)dt + i \int_a^b v(x(t), y(t))x'(t)dt$$

$$= \int_a^b (u(x(t), y(t)) + iv(x(t), y(t)))(x'(t) + iy'(t))dt$$

$$= \int_a^b f(z(t)) \frac{dz(t)}{dt} dt \tag{2.3}$$

となる．この極限値を，$f(z)$ の C に沿っての**複素積分** (complex integral)，あるいは単に積分といい，

$$\int_C f(z)dz = \lim_{|\Delta| \to 0} \sum_{j=1}^{n} f(\zeta_j)(z_j - z_{j-1}) \tag{2.4}$$

と表す．また，C をその**積分路** (path of integration) という．

このように，複素積分は実関数の**線積分** (line integral) で，

$$\int_C f(z)dz = \int_C (udx - vdy) + i\int_C (vdx + udy) \tag{2.5}$$

あるいは形式的に,

$$\int_C f(z)dz = \int_C (u+iv)(dx+idy) \tag{2.5}'$$

と表される. さらに複素積分は, 媒介変数 t に関する通常の積分

$$\int_C f(z)dz = \int_a^b f(z(t))\frac{dz(t)}{dt}dt \tag{2.6}$$

により計算される.

例 2.1 $f(z) = z^2$ の曲線 $C : z = 2t + i3t$ $(1 \leq t \leq 2)$ に沿っての積分を求めよ.

【解】 $\int_C z^2 dz = \int_1^2 (2t+i3t)^2(2+3i)dt = (2+3i)^3 \int_1^2 t^2 dt = -\dfrac{322}{3} + 21i$

問 2.1 $f(z) = 2z+1$ の曲線 $C : z = t + it^2$ $(0 \leq t \leq 1)$ に沿っての積分を求めよ.

例 2.2 中心 a, 半径 r の円を C とおき, C に反時計まわりの向きを与えるとき, 任意の整数 n に対して,

$$\int_C (z-a)^n dz = \begin{cases} 0 & (n \neq -1) \\ 2\pi i & (n = -1) \end{cases} \tag{2.7}$$

となることを示せ.

【解】 円 C は θ を媒介変数として,

$$z = a + re^{i\theta} \quad (0 \leq \theta \leq 2\pi)$$

と表されるので, $dz = ire^{i\theta}d\theta$ である. したがって,

$$\int_C (z-a)^n dz = \int_0^{2\pi} r^n e^{in\theta} ire^{i\theta} d\theta = ir^{n+1} \int_0^{2\pi} e^{i(n+1)\theta} d\theta$$

$n \neq -1$ のときは,

$$\int_C (z-a)^n dz = ir^{n+1} \left[\frac{e^{i(n+1)\theta}}{i(n+1)}\right]_0^{2\pi} = 0$$

$n = -1$ のときは, $n+1 = 0$ であるから,

$$\int_C \frac{dz}{z-a} = i\int_0^{2\pi} d\theta = 2\pi i$$

となる.

複素関数の積分の定義より, 次の性質が成立することは容易にわかる.

$$\int_C \{\alpha f(z) + \beta g(z)\} dz = \alpha \int_C f(z) dz + \beta \int_C g(z) dz \quad (\alpha, \beta : 任意定数) \quad (2.8)$$

$$\int_{-C} f(z) dz = - \int_C f(z) dz \tag{2.9}$$

$$\int_{C_1+C_2} f(z) dz = \int_{C_1} f(z) dz + \int_{C_2} f(z) dz \tag{2.10}$$

ここで, $-C$ は曲線 C の逆向きの曲線を表し, C_1+C_2 は 2 つの曲線 C_1 と C_2 を連結して得られる 1 つの曲線を表す (図 2.2 参照).

また,実関数の積分の場合と同様に,複素積分の絶対値に対して,次の不等式が成立する.

$$\left| \int_C f(z) dz \right| \leq \int_C |f(z)| ds \tag{2.11}$$

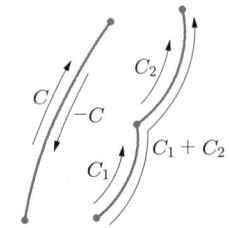

図 **2.2** 曲線 $-C$, C_1+C_2

ここで, s は曲線 C の弧長を表す.

実際,有限和 (2.2) の絶対値をとると,

$$|S_n| = \left| \sum_{j=1}^n f(\zeta_j)(z_j - z_{j-1}) \right| \leq \sum_{j=1}^n |f(\zeta_j)||z_j - z_{j-1}|$$

となり,しかも弧 $\widehat{z_{j-1}z_j}$ の長さを Δs_j とおけば $|z_j - z_{j-1}| \leq \Delta s_j$ $(j=1,2,\cdots,n)$ であることより,

$$\left| \sum_{j=1}^n f(\zeta_j)(z_j - z_{j-1}) \right| \leq \sum_{j=1}^n |f(\zeta_j)| \Delta s_j$$

が得られるので, C の分割を限りなく細かくすると,不等式 (2.11) が得られる.

とくに,曲線 C の長さを L とし, C 上での $|f(z)|$ の最大値を M とすれば,

$$\left| \int_C f(z) dz \right| \leq M \int_C ds = ML \tag{2.12}$$

が得られる.

問 2.2 i と $2+i$ を結ぶ線分を C とおくとき, $\left| \int_C \dfrac{dz}{z^2} \right| \leq 2$ を示せ.

2.2　コーシーの積分定理

途中で自分自身と交わらない閉曲線 C を,**単一閉曲線** (simple closed curve) という. 領域 D 内の任意の単一閉曲線の内部がすべて D の点であるとき, D を**単連結領域** (simply connected domain) といい,単連結でない領域を**多重連結領域** (multiply connected domain) という.

以下では，とくに断わらない限り，図 2.3 のように，単一閉曲線 C の正の向きは，反時計まわり (より正確には，C の内部の領域を左手に見て進む方向) にとるものとする．

次に述べる**コーシーの積分定理** (Cauchy's integral theorem) は，正則関数の積分法で最も基本的なものである．

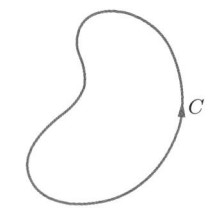

図 2.3 単一閉曲線と正の向き

定理 2.1 コーシーの積分定理

関数 $f(z)$ が単一閉曲線 C 上とその内部で正則であれば，

$$\int_C f(z)dz = 0 \tag{2.13}$$

が成立する．

(証明) 公式 (2.5) より，

$$\int_C f(z)dz = \int_C (udx - vdy) + i\int_C (vdx + udy)$$

であるので，C の内部を D とおき，これをベクトル解析の**グリーンの定理** (Green's theorem) により面積分になおせば，

$$\int_C (udx - vdy) = \iint_D \left(-\frac{\partial u}{\partial y} - \frac{\partial v}{\partial x}\right) dxdy$$

$$\int_C (vdx + udy) = \iint_D \left(-\frac{\partial v}{\partial y} + \frac{\partial u}{\partial x}\right) dxdy$$

となる．$f(z)$ は D および C で正則であるから，コーシー・リーマンの方程式

$$\frac{\partial u}{\partial x} = \frac{\partial v}{\partial y}, \qquad \frac{\partial u}{\partial y} = -\frac{\partial v}{\partial x}$$

が成立し，上の 2 つの 2 重積分は 0 となるので，式 (2.13) が得られる． ◀

例 2.3 円 C の外部に任意の点 b をとると，任意の整数 n に対して，次の関係が成立する．

$$\int_C (z-b)^n dz = 0$$

例 2.3 は，$(z-b)^n$ が $n \geqq 0$ のとき全平面で正則で，$n < 0$ のときは b を含まない任意の領域で正則であることを考慮すれば，円 C とその内部に対してコーシーの積分定理が成立することより明らかである．

ここで，例 2.2 の関数 $(z-a)^n$ は，$n<0$ のとき円 C の内部に特異点 a をもつから，コーシーの積分定理は成立しないので，例 2.2 の，
$$\int_C (z-a)^n dz = 0 \quad (n<-1)$$
は，コーシーの積分定理とは無関係であることに注意しよう．

コーシーの積分定理は，多重連結領域に次のように拡張できる．

定理 2.2 拡張されたコーシーの積分定理

単一閉曲線 C の内部に，互いに交わらない n 個の単一閉曲線 $C_1, \cdots, C_n$ があり，正の向きをもっているものとする．このとき，C の内部で，$C_1, \cdots, C_n$ の外部の領域 D および $C, C_1, \cdots, C_n$ 上で関数 $f(z)$ が正則であれば，
$$\int_C f(z) dz = \sum_{k=1}^{n} \int_{C_k} f(z) dz \tag{2.14}$$
が成立する．

（証明） $n=2$ の場合を示しておけば十分であろう．

図 2.4 のように，D 内で C, C_1, C_2 を互いに交わらない曲線 γ_1, γ_2 で結び，D を単連結領域とみなす．

この領域の境界は $C, C_1, C_2, \gamma_1, \gamma_2$ からなるが，この境界を正の向きにまわる曲線を Γ とすれば，コーシーの積分定理より，
$$\int_\Gamma f(z) dz = 0$$
となる．ここで，γ_1, γ_2 の部分は相反する向きに積分されて打ち消されることと，C_1, C_2 の部分は負の向きに積分されることを考慮すれば，

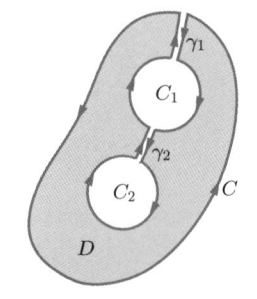

図 2.4 積分路の変形

$$\int_C f(z) dz - \int_{C_1} f(z) dz - \int_{C_2} f(z) dz = 0$$
となる．一般の場合も，$n=2$ の場合と同様に考えればよい．

例 2.4 任意の単一閉曲線 C の内部の任意の点 a に対して，
$$\int_C \frac{1}{z-a} dz = 2\pi i$$
となることを示せ．

【解】 a を中心とする十分小さい半径の円 C_1 を C の内部にとると，拡張されたコーシーの積分定理より，

$$\int_C \frac{dz}{z-a} = \int_{C_1} \frac{dz}{z-a}$$

となるので，例 2.2 より右辺は $2\pi i$ となる．

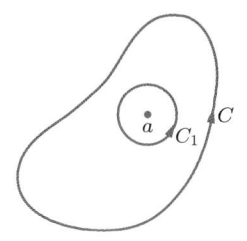

図 2.5 単一閉曲線 C とその内部の円 C_1

例 2.5 中心 i，半径 1 の円を C とおくとき，次の積分の値を求めよ．

$$\int_C \frac{1}{z^2+1} dz$$

【解】 被積分関数を部分分数に分解すれば，例 2.2, 2.3 より，

$$\int_C \frac{1}{z^2+1} dz = \frac{1}{2i}\left\{\int_C \frac{dz}{z-i} - \int_C \frac{dz}{z+i}\right\} = \frac{1}{2i}(2\pi i - 0) = \pi$$

問 2.3 中心 i，半径 1 の円を C とおくとき，次の積分の値を求めよ．

$$\int_C \frac{3z+2}{z^2+1} dz$$

コーシーの積分定理から，次の定理が導かれる．

定理 2.3

関数 $f(z)$ が単連結領域 D で正則であれば，D 内の 2 点 P, Q を結ぶ任意の曲線 C に沿っての積分

$$\int_C f(z) dz$$

は，P, Q のみで定まり，積分路には無関係である．

(証明) P, Q を結ぶ 2 つの積分路 C_1, C_2 を考える (図 2.6 参照)．$C = C_1 - C_2$ が単一閉曲線であれば，コーシーの定理から，

$$0 = \int_C f(z) dz = \int_{C_1} f(z) dz - \int_{C_2} f(z) dz$$

となるので，

$$\int_{C_1} f(z) dz = \int_{C_2} f(z) dz$$

となる．C が単一閉曲線でなければ，C は自分自身といくつかの点で交わり，これらの交点は C を単一閉曲線に分割することを考慮すれば，同じ結果が得られる．◀

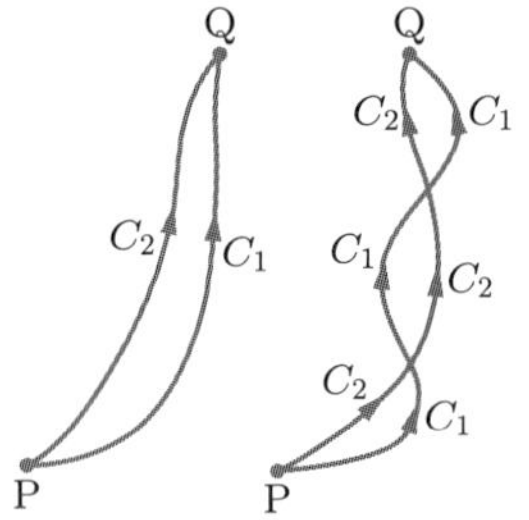

図 2.6　P，Q を結ぶ積分路

関数 $f(z)$ が単連結領域 D で正則であれば，D 内の定点 z_0 から D 内の任意の点 z に至る D 内の任意の曲線を C とすれば，定理 2.3 より，$f(z)$ の C に沿っての積分は C には依存しない．したがって，

$$F(z) = \int_{z_0}^{z} f(\zeta)d\zeta = \int_C f(\zeta)d\zeta \qquad (2.15)$$

と表せば，$F(z)$ は D で定義された 1 価関数となる．この $F(z)$ を，$f(z)$ の**不定積分** (indefinite integral) という．

定理 2.4

単連結領域 D で正則な関数 $f(z)$ の不定積分 $F(z)$ は，D で正則で，

$$\frac{dF(z)}{dz} = f(z) \qquad (2.16)$$

（証明）　領域 D 内の任意の 2 点 z，$z + \Delta z$ に対して，

$$\begin{aligned} \frac{F(z+\Delta z) - F(z)}{\Delta z} - f(z) &= \frac{1}{\Delta z}\left(\int_{z_0}^{z+\Delta z} f(\zeta)d\zeta - \int_{z_0}^{z} f(\zeta)d\zeta\right) - \frac{f(z)}{\Delta z}\int_{z}^{z+\Delta z} d\zeta \\ &= \frac{1}{\Delta z}\left(\int_{z}^{z+\Delta z} (f(\zeta) - f(z))d\zeta\right) \end{aligned}$$

となる．ここで，右辺の積分は，D 内の点 z から点 $z + \Delta z$ に至る D 内の任意の曲線 C に沿ってとることができる (図 2.7 参照)．$|\Delta z|$ が十分小さければ，点 z と 点 $z + \Delta z$ を結ぶ線分 Γ は D に含まれるから，この Γ を積分路にとることにする．

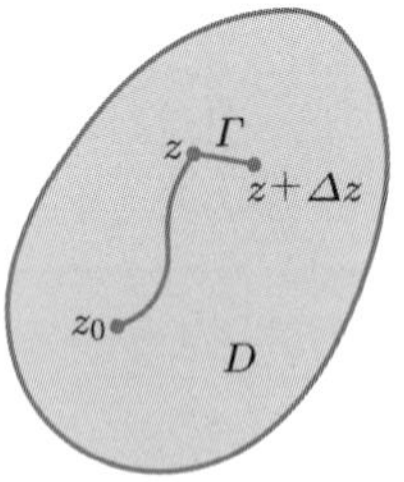

図 2.7　定理 2.4 の証明の補助図

$f(z)$ は連続であるから，任意の $\varepsilon > 0$ に対して $\delta > 0$ を適当にとれば，$|\zeta - z| < \delta$ のとき，$|f(\zeta) - f(z)| < \varepsilon$ である．したがって，$|\Delta z| < \delta$ となるように点 $z + \Delta z$ をとると，Γ 上の任意の点 ζ において $|f(\zeta) - f(z)| < \varepsilon$ となるので，

$$\left|\frac{F(z+\Delta z) - F(z)}{\Delta z} - f(z)\right| < \frac{1}{|\Delta z|}\int_{z}^{z+\Delta z} \varepsilon|d\zeta| = \varepsilon$$

$\varepsilon > 0$ は任意に小さくとれるから，

$$\lim_{\Delta z \to 0} \frac{F(z+\Delta z) - F(z)}{\Delta z} = f(z)$$

◀

一般に，$dF(z)/dz = f(z)$ を満たす関数 $G(z)$ を，$f(z)$ の**原始関数** (primitive function) というが，定理 2.4 により，正則関数 $f(z)$ の不定積分は，$f(z)$ の 1 つの原始関数であることがわかる．

$f(z)$ の原始関数の 1 つを $G(z)$ とおくと，

$$\int_{z_0}^{z_1} f(\zeta)d\zeta = G(z_1) - G(z_0) \tag{2.17}$$

によって，$f(z)$ の定積分を求めることができる．

実際，z_0 を始点としたときの $f(z)$ の不定積分を $F(z)$ とすれば，

$$F'(z) = f(z) = G'(z) \quad \text{より} \quad F(z) = G(z) + C \quad (C：\text{定数})$$

となるので，

$$G(z) - G(z_0) = F(z) - F(z_0) = \int_{z_0}^{z} f(\zeta)d\zeta$$

である．

例 2.6 $\int_{z_0}^{z_1} e^{\alpha z} dz \ (\alpha \neq 0)$ を求めよ．

【解】 $e^{\alpha z}$ は全平面で正則で，$(e^{\alpha z}/\alpha)' = e^{\alpha z}$ であるから，式 (2.17) より，

$$\int_{z_0}^{z_1} e^{\alpha z} dz = \frac{e^{\alpha z_1} - e^{\alpha z_0}}{\alpha}$$

問 2.4 次の定積分を求めよ．
(1) $\int_{i}^{1+i} z^2 dz$ (2) $\int_{\pi}^{\pi i} \sin 2z dz$

2.3 コーシーの積分公式

コーシーの積分定理から，**コーシーの積分公式** (Cauchy's integral formula) とよばれる，次の重要な公式が導かれる．

定理 2.5 コーシーの積分公式

関数 $f(z)$ が単一閉曲線 C 上とその内部で正則であれば，C の内部の任意の点 a に対して，

$$f(a) = \frac{1}{2\pi i} \int_C \frac{f(z)}{z-a} dz \tag{2.18}$$

が成立する.

(証明) a を中心とする十分小さい半径 r の円 C_1 を C の内部にとり,C_1 に正の向きを与える.

このとき,関数 $f(z)/(z-a)$ は C と C_1 で囲まれる領域で正則であるから,拡張されたコーシーの積分定理より,

$$\int_C \frac{f(z)}{z-a}dz = \int_{C_1} \frac{f(z)}{z-a}dz$$
$$= f(a)\int_{C_1} \frac{1}{z-a}dz + \int_{C_1} \frac{f(z)-f(a)}{z-a}dz$$

となる.ここで,例 2.2 を利用すれば,

$$\int_C \frac{f(z)}{z-a}dz - 2\pi i f(a) = \int_{C_1} \frac{f(z)-f(a)}{z-a}dz$$

となるので,この式の右辺が 0 になることを示せばよい.$f(z)$ は連続だから,任意の $\varepsilon > 0$ に対して円 C_1 の半径 r を十分小さくとると,C_1 上の任意の点 z において $|f(z)-f(a)| < \varepsilon$ である.この式と $|z-a| = r$ を用いると,公式 (2.11) より,

$$\left|\int_{C_1} \frac{f(z)-f(a)}{z-a}dz\right| \leq \int_{C_1} \left|\frac{f(z)-f(a)}{z-a}\right|ds$$
$$< \frac{\varepsilon}{r}\int_{C_1} ds = \frac{\varepsilon}{r}2\pi r = 2\pi\varepsilon$$

となる.ε は任意に小さくとることができ,しかも左辺の積分は ε に依存しないので,

$$\int_{C_1} \frac{f(z)-f(a)}{z-a}dz = 0$$

となり,公式 (2.18) が得られる. ◀

ここで,コーシーの積分公式は,閉曲線 C の内部の点の $f(z)$ の値は,C 上の $f(z)$ の値により一意的に定められることを意味していることに注意しよう.

問 2.5 定理 2.5 において,C が円:$z = a + re^{i\theta}$ であれば,公式 (2.18) は,

$$f(a) = \frac{1}{2\pi}\int_0^{2\pi} f(a+re^{i\theta})d\theta$$

となり,$f(z)$ の円の中心における値 $f(a)$ は,円周上の $f(z)$ の値の平均に等しくなることを確かめよ.

例 2.7 コーシーの積分公式を応用して,例 2.5 の積分を求めよ.

【解】 被積分関数の特異点のうち,$-i$ は円 C の外部にあるが $+i$ は C の内部にあるので,

$$I = \int_C \frac{f(z)}{z-i}dz, \quad f(z) = \frac{1}{z+i}$$

とおいて，コーシーの積分公式を用いると，

$$I = 2\pi i f(i) = 2\pi i \frac{1}{2i} = \pi$$

が得られる．

問 2.6 コーシーの積分公式により，問 2.3 の積分を求めよ．

コーシーの積分公式も，多重連結領域に，次のように拡張できる．

定理 2.6 拡張されたコーシーの積分公式

定理 2.2 と同じ仮定のもとで，任意の D 内の点 a に対して，

$$f(a) = \frac{1}{2\pi i}\int_C \frac{f(z)}{z-a}dz - \sum_{k=1}^{n}\frac{1}{2\pi i}\int_{C_k}\frac{f(z)}{z-a}dz \quad (2.19)$$

が成立する．

この定理は，定理 2.1 から定理 2.2 を導いたときとまったく同様に，定理 2.5 から導かれる．さらに，微分係数 $f'(a)$, $f''(a)$, $\cdots$ についても式 (2.18) と同様の公式が成立する．

定理 2.7 微分係数の積分公式

コーシーの積分公式と同じ仮定のもとで，

$$f^{(n)}(a) = \frac{n!}{2\pi i}\int_C \frac{f(z)}{(z-a)^{n+1}}dz \quad (n = 1, 2, \cdots) \quad (2.20)$$

が成立する．

（証明）点 $a + \Delta z$ が曲線 C の内部にあるように $|\Delta z|$ を十分小さくとれば，コーシーの積分公式より，

$$\frac{f(a+\Delta z) - f(a)}{\Delta z} = \frac{1}{2\pi i \Delta z}\int_C \left(\frac{f(z)}{z-a-\Delta z} - \frac{f(z)}{z-a}\right)dz$$

$$= \frac{1}{2\pi i}\int_C \frac{f(z)}{(z-a-\Delta z)(z-a)}dz$$

となる．ここで，$\Delta z \to 0$ とすれば，左辺は $f'(a)$ となるので，右辺が，

$$\frac{1}{2\pi i}\int_C \frac{f(z)}{(z-a)^2}dz$$

となることを示す．そこで，これらの積分の差の絶対値をとると，

$$\left|\int_C \frac{f(z)}{(z-a-\Delta z)(z-a)}dz - \int_C \frac{f(z)}{(z-a)^2}dz\right| = \left|\Delta z \int_C \frac{f(z)}{(z-a-\Delta z)(z-a)^2}dz\right|$$

となる．ここで，$|f(z)|$ の C 上における最大値を M，C の長さを L，a から C 上の点までの最短距離を δ ($|z-a| \geqq \delta$) とおき，$|\Delta z| < \delta$ ととれば，式 (2.12) より上式は，

$$\leqq \frac{|\Delta z|ML}{\delta^2(\delta - |\Delta z|)}$$

となるので，$\Delta z \to 0$ のとき 0 に収束する．したがって，$n = 1$ の場合が示された．
　一般の場合も同様に考えればよい．

例 2.8
中心 -1，半径 1 の円を C とおくとき，次の積分の値を求めよ．

$$\int_C \frac{e^z}{(z+1)^3}dz$$

【解】　公式 (2.20) において $f(z) = e^z$，$a = -1$，$n = 2$ とおけば，$f''(z) = e^z$ であるから，

$$\frac{2!}{2\pi i}\int_C \frac{e^z}{(z+1)^3}dz = f''(-1) = e^{-1}$$

となるので，

$$\int_C \frac{e^z}{(z+1)^3}dz = \pi i e^{-1}$$

問 2.7
中心 1，半径 1 の円を C とおくとき，

$$\int_C \frac{e^z + z}{(z-1)^4}dz = \frac{\pi e}{3}i$$

となることを示せ．

　定理 2.7 は，コーシーの積分公式の導関数への拡張とみなされるが，この定理によれば，領域 D で $f(z)$ が正則 (すなわち，微分可能) であれば，$f(z)$ は D で何回でも微分できることがわかる．すなわち，次の**グルサーの定理** (Goursat's theorem) が得られる．

定理 2.8　グルサーの定理
　関数 $f(z)$ が領域 D で正則ならば，$f(z)$ は D の各点で何回でも微分可能であり，$f^{(n)}(z)$ ($n = 1, 2, \cdots$) は D で正則である．

　また定理 2.7 より，次の**コーシーの評価式** (Cauchy's estimate) が得られる．

2.3 コーシーの積分公式

系 2.1 コーシーの評価式

関数 $f(z)$ が中心 a,半径 r の円 C 上とその内部で正則で,しかも C 上の任意の点 z で $|f(z)| \leq M$ であれば,コーシーの評価式

$$|f^{(n)}(a)| \leq \frac{n!M}{r^n} \quad (n = 0, 1, \cdots) \tag{2.21}$$

が成立する.

実際,公式 (2.20) から,

$$|f^{(n)}(a)| \leq \frac{n!}{|2\pi i|} \int_C \frac{|f(z)|}{|z-a|^{n+1}} ds$$

で,しかも C 上の任意の点 z で,

$$|f(z)| \leq M, \qquad |z-a| = r$$

であることより,

$$|f^{(n)}(a)| \leq \frac{n!}{2\pi} \frac{M}{r^{n+1}} \int_C ds = \frac{n!M}{2\pi r^{n+1}} 2\pi r = \frac{n!M}{r^n}$$

が得られる.

この系より,次の**リュービルの定理** (Liouville's theorem) が,ただちに導かれる.

定理 2.9 リュービルの定理

関数 $f(z)$ が有界な整関数であれば,$f(z)$ は定数である.ここで,整関数とは全平面で正則な関数である.

実際,任意の点 z を中心として任意の半径 r の円 C を考えれば,仮定より $|f(z)| \leq M$ であるので,$n=1$ の場合の評価式 (2.21) から $|f'(z)| \leq M/r$ となるが,r は任意に大きくとれるので,$r \to \infty$ とすれば,$|f'(z)| = 0$ となり,$f(z)$ は定数であることがわかる.

さらに,定理 2.7 より,コーシーの積分定理の逆である,**モレラの定理** (Morera's theorem) が得られる.

定理 2.10 モレラの定理

関数 $f(z)$ が領域 D で連続で,しかも D 内の任意の単一閉曲線 C に沿って,

$$\int_C f(z)dz = 0$$

であれば，$f(z)$ は D 内で正則である．

（証明） D 内の定点 z_0 と D 内の任意の点 z を結ぶ曲線に沿う $f(z)$ の積分は，仮定により積分路によらず z のみによって決まるので，
$$F(z) = \int_{z_0}^{z} f(z)dz$$
とおけば，$F(z)$ は D で z の 1 価関数である．

このとき，定理 2.4 の証明と同様にして $F'(z) = f(z)$ が示されるので，$F(z)$ は D で正則である．したがって，定理 2.8 より，その導関数 $f(z) = F'(z)$ も D で正則である． ◂

演習問題 [2]

2.1 公式 (2.6) を用いて，次の積分の値を求めよ．

(1) $\displaystyle\int_C \bar{z}dz$, $C: z = t^2 + it$ $(0 \leqq t \leqq 1)$

(2) $\displaystyle\int_C \mathrm{Re}\, z\, dz$, $C: z = -\cos t + i\sin t$ $(0 \leqq t \leqq \pi)$

(3) $\displaystyle\int_C (z^2 - iz + 2)dz$, $C:$ 点 $z = 0$ から点 $z = 2 + i$ に至る線分

(4) $\displaystyle\int_C e^z dz$, $C:$ 点 1 から点 $z = 2 + i$ に至る線分

2.2 次の積分の値を求めよ．

(1) $\displaystyle\int_C (z-2)|dz|$ (2) $\displaystyle\int_C |z-1||dz|$

ただし，積分路 C は，すべて単位円の反時計まわりとする．

2.3 コーシーの積分定理を用いて，次の積分の値はすべて 0 になることを示せ．

(1) $\displaystyle\int_C ze^{2z}dz$ (2) $\displaystyle\int_C \frac{dz}{\cos z}$ (3) $\displaystyle\int_C \tanh z\, dz$

ただし，積分路 C は，すべて単位円の反時計まわりとする．

2.4 (1) $\displaystyle\frac{1}{2\pi i}\int_C \left(z + \frac{1}{z}\right)^{2n} \frac{dz}{z} = \frac{(2n)!}{(n!)^2}$ $(n:$ 自然数，$C:$ 単位円，反時計まわり$)$
となることを証明せよ．

(2) (1) を用いて，次式を証明せよ．
$$\int_0^{2\pi} \cos^{2n}\theta\, d\theta = 2\pi \frac{1 \cdot 3 \cdot 5 \cdots (2n-1)}{2 \cdot 4 \cdots (2n)}$$

2.5 関数 $f(z)$, $g(z)$ が領域 D で正則であれば，D 内の 2 点 α, β に対して，部分積分の公式
$$\int_\alpha^\beta f'(z)g(z)dz = \Big[f(z)g(z)\Big]_\alpha^\beta - \int_\alpha^\beta f(z)g'(z)dz$$

が成立することを示せ．

2.6 次の被積分関数の原始関数を求めることにより，定積分の値を計算せよ．

(1) $\int_i^1 z^2 dz$ (2) $\int_1^{\pi i} ze^{-z} dz$ (3) $\int_{-\pi i}^{\pi i} \cos^2 z \, dz$ (4) $\int_0^{1+i} z \sin z \, dz$

2.7 コーシーの積分公式を用いて，次の積分を計算せよ．

(1) $\int_C \dfrac{dz}{1+z^2}$, C：中心 i, 半径 1 の円　(2) $\int_C \dfrac{e^z}{z} dz$, C：単位円

(3) $\int_C \dfrac{\sin z}{z} dz$, C：中心 0, 半径 2 の円　(4) $\int_C \dfrac{\sin z}{(3z-1)(4z-1)} dz$, C：単位円

ただし，積分の向きは反時計まわりとする．

2.8 微分係数の積分公式を用いて，次の積分を計算せよ．

(1) $\int_C \dfrac{z^3+1}{(z+1)^4} dz$, C：中心 0, 半径 2 の円　(2) $\int_C \dfrac{e^z}{(4z^2+1)^2} dz$, C：単位円

(3) $\int_C \dfrac{e^{-z}\sin z}{z^2} dz$, C：中心 i, 半径 2 の円　(4) $\int_C \dfrac{\cosh z}{z^3} dz$, C：単位円

ただし，積分の向きは反時計まわりとする．

2.9 関数 $f(z)$ が単一閉曲線 C 上とその内部で正則であれば，$|f(z)|$ は境界上の点で最大値をとるという**最大値の原理** (maximum principle) を証明せよ．

2.10 $f(z)$ を整関数，n を正整数，M, R を正の定数とする．このとき，$|z| > R$ を満たすすべての z に対して $|f(z)| < M|z|^n$ が成立すれば，$f(z)$ はたかだか n 次の多項式であることを証明せよ．(**ヒント**：コーシーの評価式を利用せよ．)

2.11 複素係数の n 次の代数方程式 $f(z) \equiv \alpha_0 z^n + \alpha_1 z^{n-1} + \cdots + \alpha_{n-1} z + \alpha_n = 0$ ($\alpha_0 \neq 0$, n：正整数) は，複素数の範囲で必ず根をもつという**代数学の基本定理** (fundamental theorem of algebra) を証明せよ．(**ヒント**：リュービルの定理を利用せよ．)

第3章　複素関数の展開と留数

3.1　複素数の数列と級数

複素数の数列 $z_1, z_2, \cdots, z_n, \cdots$ の極限は，実数の場合と同様に定義される．複素数の数列を簡単に $\{z_n\}$ で表すとき，$n \to \infty$ のとき $|z_n - z| \to 0$ となるような複素数 z が存在すれば，**複素数列** (complex sequence) $\{z_n\}$ は，極限値 z に**収束** (convergence) するといい，

$$\lim_{n\to\infty} z_n = z \quad \text{あるいは} \quad z_n \to z \quad (n \to \infty)$$

と書く．より厳密には，

任意の $\varepsilon > 0$ に対して自然数 N が存在して，$n > N$ であるすべての n に対して $|z_n - z| < \varepsilon$ が成立するとき，$\{z_n\}$ は z に収束するという．

数列 $\{z_n\}$ が収束しないとき，$\{z_n\}$ は**発散** (divergence) するという．とくに，

$$|z_n| \to \infty \quad (n \to \infty)$$

のとき，$\{z_n\}$ は ∞ に発散するといい，

$$\lim_{n\to\infty} z_n = \infty \quad \text{あるいは} \quad z_n \to \infty \quad (n \to \infty)$$

と書く．

問 3.1　複素数列 $\{z^n\}$ は $|z| < 1$ のときは 0 に収束するが，$|z| > 1$ のときは ∞ に発散することを示せ．

複素数列の収束を実部と虚部に分けて表すと，次のようになる．

定理 3.1

複素数列 $\{z_n\}$ が z に収束するための必要十分条件は，

$$\lim_{n\to\infty} \operatorname{Re} z_n = \operatorname{Re} z, \qquad \lim_{n\to\infty} \operatorname{Im} z_n = \operatorname{Im} z$$

定理 3.1 は，$z_n = x_n + i y_n$，$z = x + iy$ に対して，

$$|z_n - z|^2 = (x_n - x)^2 + (y_n - y)^2$$

であることより明らかである.

この定理から，複素数列の極限値に関して，実数列の場合とまったく同様の，次の性質が導かれる.

2つの数列 $\{z_n\}$, $\{w_n\}$ が，それぞれ z, w に収束するとき，

$$\lim_{n \to \infty}(z_n \pm w_n) = z \pm w \quad (\text{複号同順}), \qquad \lim_{n \to \infty}(z_n w_n) = zw$$

$$\lim_{n \to \infty}\frac{z_n}{w_n} = \frac{z}{w} \quad (w_n, w \neq 0)$$

定理 3.1 と実数列に対する**コーシーの収束条件** (Cauchy's criterion) より，複素数列に対する次の基本的定理が得られる.

定理 3.2 コーシーの収束条件

複素数列 $\{z_n\}$ が収束するための必要十分条件は，任意の $\varepsilon > 0$ に対して自然数 N が存在して，$m, n > N$ であるすべての m, n に対して，$|z_m - z_n| < \varepsilon$ が成立することである.

複素数の無限級数

$$\sum_{n=1}^{\infty} z_n = z_1 + z_2 + \cdots + z_n + \cdots \tag{3.1}$$

に対する収束，発散も実数の場合と同様に定義される．すなわち，第 n **部分和** (partial sum)

$$S_n = \sum_{k=1}^{n} z_k = z_1 + z_2 + \cdots + z_n \tag{3.2}$$

による数列 $\{S_n\}$ が収束して，

$$\lim_{n \to \infty} S_n = S$$

となるとき，この無限級数 $\sum_{n=1}^{\infty} z_n$ は収束するという.

また，S を無限級数 $\sum_{n=1}^{\infty} z_n$ の**和** (sum) といい，

$$\sum_{n=1}^{\infty} z_n = z_1 + z_2 + \cdots + z_n + \cdots = S \tag{3.3}$$

と表す.

部分和の数列 $\{S_n\}$ が収束しないとき，この無限級数は発散するという.

問 3.2 $\sum_{n=0}^{\infty} z^n$ は $|z| < 1$ のとき収束し，その和は $1/(1-z)$ となるが，$|z| > 1$ のときは発散することを示せ.

定理 3.1 から，ただちに次の定理が得られる．

> **定理 3.3**
>
> $\sum_{n=1}^{\infty} z_n = S$ となるための必要十分条件は，
> $$\sum_{n=1}^{\infty} \operatorname{Re} z_n = \operatorname{Re} S, \qquad \sum_{n=1}^{\infty} \operatorname{Im} z_n = \operatorname{Im} S$$

定理 3.2 を数列 $\{S_n\}$ に適用すれば，次の定理が容易に導かれる．

> **定理 3.4 級数に対するコーシーの収束条件**
>
> 複素級数 $\sum_{n=1}^{\infty} z_n$ が収束するための必要十分条件は，任意の $\varepsilon > 0$ に対して自然数 N が存在して，$q > p > N$ であるすべての自然数 p, q に対して，
> $$|z_{p+1} + z_{p+2} + \cdots + z_q| < \varepsilon$$
> が成立することである．

無限級数
$$\sum_{n=1}^{\infty} |z_n| = |z_1| + |z_2| + \cdots + |z_n| + \cdots \tag{3.4}$$
が収束するとき，$\sum_{n=1}^{\infty} z_n$ は**絶対収束** (absolute convergence) するという．

定理 3.4 と 1.1 節の三角不等式 (1.13) から，次の定理がただちに得られるが，その逆は必ずしも成立しない．

> **定理 3.5**
>
> 絶対収束する級数は収束する．

問 3.3 定理 3.5 の逆は必ずしも成立しないという反例を示せ．

定理 3.4 より，次の**比較判定法** (comparison test) が容易に導かれる．

> **定理 3.6 比較判定法**
>
> 複素級数 $\sum_{n=1}^{\infty} z_n$ に対して，$|z_n| \leq a_n$ $(n = 1, 2, \cdots)$ であるような収束する正項級数 $\sum_{n=1}^{\infty} a_n$ が存在すれば，$\sum_{n=1}^{\infty} z_n$ は絶対収束する．

定理 3.6 より，さらに次の**ダランベールの判定法** (D'Alembert's test) が得られる．

定理 3.7 ダランベールの判定法

複素級数 $\sum_{n=1}^{\infty} z_n$ に対して，ある番号以上の大きな n に対して，つねに，

$$\left|\frac{z_{n+1}}{z_n}\right| < r < 1$$

であれば，$\sum_{n=1}^{\infty} z_n$ は絶対収束する．

問 3.4 定理 3.6, 3.7 を証明せよ．

2つの複素級数 $\sum_{n=1}^{\infty} z_n$, $\sum_{n=1}^{\infty} w_n$ に対して，実級数の場合と同様に，次の性質が得られる．

(1) 2つの複素級数 $\sum_{n=1}^{\infty} z_n$, $\sum_{n=1}^{\infty} w_n$ が収束するとき，級数 $\sum_{n=1}^{\infty}(z_n \pm w_n)$, $\sum_{n=1}^{\infty} k z_n$ (k：複素数) も収束して，

$$\sum_{n=1}^{\infty}(z_n \pm w_n) = \sum_{n=1}^{\infty} z_n \pm \sum_{n=1}^{\infty} w_n, \qquad \sum_{n=1}^{\infty} k z_n = k \sum_{n=1}^{\infty} z_n$$

が成立する．

(2) 2つの複素級数 $\sum_{n=1}^{\infty} z_n$, $\sum_{n=1}^{\infty} w_n$ が絶対収束するとき，

$$z_1 w_1 + (z_1 w_2 + z_2 w_1) + \cdots + (z_1 w_n + z_2 w_{n-1} + \cdots + z_n w_1) + \cdots$$

も絶対収束して，その和は $\sum_{n=1}^{\infty} z_n \sum_{n=1}^{\infty} w_n$ に等しい．

3.2 複素関数の数列と級数

複素平面上の点集合 D で定義された関数 $f_n(z)$ $(n=1,2,\cdots)$ を一般項とする関数列 $\{f_n(z)\}$ の収束について考えてみよう．このような関数列は，z を固定すれば，これまでの複素数列になるので，D 上の各点 z に対応してできる数列が収束すれば，関数列 $\{f_n(z)\}$ は D 上で収束すると定義することができる．すなわち，D の各点 z に対して，任意の正数 ε を与えたとき自然数 N が存在して，$n > N$ であるすべての n に対して $|f_n(z) - f(z)| < \varepsilon$ が成立するとき，関数列 $\{f_n(z)\}$ は $f(z)$ に収束するという．

しかし，ここで，この自然数 N は ε だけではなく，点 z にも依存することに注意する必要がある．そこで，もしこの N が ε だけに依存して，z に無関係に定められるとき，関数列 $\{f_n(z)\}$ は D で $f(z)$ に**一様収束** (uniform convergence) すると定義

する．いいかえれば，D のすべての点 z において，任意の正数 ε を与えたとき，z に無関係な番号 N が存在して，$n > N$ であるすべての n に対して，$|f_n(z) - f(z)| < \varepsilon$ が成立するとき，関数列 $\{f_n(z)\}$ は $f(z)$ に一様収束するという．さらに，領域 D で定義された関数列 $\{f_n(z)\}$ が，D に含まれる任意の有界閉領域で，$f(z)$ に一様収束するとき，この関数列は D で**広義一様収束** (uniform convergence in the wide sense) するという．定義から明らかなように，一様収束する関数列は (広義一様) 収束するが，逆は必ずしも成立しないことに注意しよう．

一様収束する関数列の連続性に関しては，次の性質がある．

定理 3.8 関数列の連続性

点集合 D で連続な関数列 $\{f_n(z)\}$ が，D で関数 $f(z)$ に一様収束すれば，$f(z)$ も D で連続である．

(証明)* D の任意の点を z_0 とする．一様収束の仮定より，D のすべての点 z について，任意の $\varepsilon > 0$ に対して z に無関係な番号 N が存在して，$n > N$ であるすべての n に対して $|f_n(z) - f(z)| < \varepsilon/3$ が成立する．ここで，とくに $z = z_0$ とすれば，$|f_n(z_0) - f(z_0)| < \varepsilon/3$ である．

一方，$f_n(z)$ の連続性より，$|z - z_0| < \delta$ ならば，$|f_n(z) - f_n(z_0)| < \varepsilon/3$ である．

以上のことより，

$$|f(z) - f(z_0)| \leqq |f(z) - f_n(z)| + |f_n(z) - f_n(z_0)| + |f_n(z_0) - f(z_0)|$$
$$< \varepsilon/3 + \varepsilon/3 + \varepsilon/3 = \varepsilon$$

となるので，$f(z)$ は z_0 で連続である． ◀

定理 3.8 は，点集合 D を領域 D に，一様収束を広義一様収束におきかえても成立することは，広義一様収束の定義より明らかである．

一様収束する関数列の積分に関しては，次の定理が基本的である．

定理 3.9 関数列の積分

有限の長さをもつ曲線 C 上で定義された連続な関数列 $\{f_n(z)\}$ が，C 上で関数 $f(z)$ に一様収束すれば，

$$\lim_{n \to \infty} \int_C f_n(z) dz = \int_C f(z) dz$$

が成立する．

(証明)* 定理 3.8 より，$f(z)$ も C 上で連続となるので，右辺の積分も存在する．一様収束の仮定より，C 上のすべての点 z について，任意の $\varepsilon > 0$ に対して z に無関係な番号 N が存在して，$n > N$ であるすべての n に対して，$|f_n(z) - f(z)| < \varepsilon$ が成立する．

したがって，C の長さを L とすれば，$n > N$ であるすべての n に対して，

$$\left|\int_C f_n(z)dz - \int_C f(z)dz\right| \leq \int_C |f_n(z) - f(z)||dz| < \varepsilon \int_C |dz| = \varepsilon L$$

さらに，広義一様収束の仮定のもとで，関数列の微分に関する次の基本的な定理が得られる．

定理 3.10 関数列の微分

領域 D で正則な関数列 $\{f_n(z)\}$ が，D で関数 $f(z)$ に広義一様収束すれば，$f(z)$ も D で正則であり，しかもすべての自然数 k に対して，関数列 $\{f_n^{(k)}(z)\}$ は D で関数 $f^{(k)}(z)$ に広義一様収束する．

(証明)* D の任意の点を z_0 とすれば，z_0 を中心とし，周および内部が D に含まれるような円 K が存在する．C を K のなかの任意の閉曲線とすれば，コーシーの積分定理より，

$$\int_C f_n(z)dz = 0 \quad (n = 1, 2, \cdots)$$

である．仮定より，$f_n(z)$ は C 上でも $f(z)$ に一様収束するので，定理 3.9 より，

$$\int_C f(z)dz = \lim_{n\to\infty} \int_C f_n(z)dz = 0$$

となる．したがって，モレラの定理から，$f(z)$ は K で正則である．

次に，D に含まれる閉曲線 C の周および内部をあわせた領域を D_1 とする．さらに，閉曲線 C の外部で D に含まれるような閉曲線 $\varGamma$ をとり，$\varGamma$ と C との最短距離を $\delta(>0)$，$\varGamma$ の長さを L とする（図3.1 参照）．

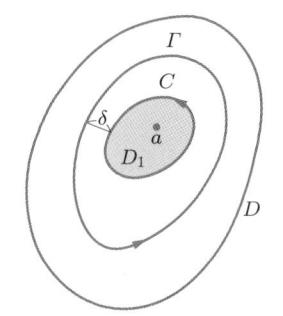

図 3.1 定理 3.10 の証明の補助図

いま，微分係数の積分公式を用いれば，任意の D_1 の点 a に対して，次式が成立する．

$$f_n^{(k)}(a) - f^{(k)}(a) = \frac{k!}{2\pi i}\int_\varGamma \frac{f_n(z)}{(z-a)^{k+1}}dz - \frac{k!}{2\pi i}\int_\varGamma \frac{f(z)}{(z-a)^{k+1}}dz$$

$$= \frac{k!}{2\pi i}\int_\varGamma \frac{f_n(z)-f(z)}{(z-a)^{k+1}}dz$$

ここで，$\varGamma$ 上で $\{f_n(z)\}$ は $f(z)$ に一様収束するので，任意の $\varepsilon > 0$ に対して，z に無関係な番号 N が存在して，$|f_n(z) - f(z)| < \varepsilon (n > N)$ とできる．このとき，D_1 のすべての点 a に対して，次の評価式が成立する．

$$|f_n^{(k)}(a) - f^{(k)}(a)| = \frac{k!}{2\pi}\int_\varGamma \frac{|f_n(z)-f(z)|}{|z-a|^{k+1}}|dz|$$

$$\leq \frac{k!\varepsilon L}{2\pi\delta^{k+1}}$$

右辺は a には無関係で $\varepsilon \to 0$ のとき 0 に収束するので，$\{f_n{}^{(k)}(z)\}$ は D_1 で $f^{(k)}(z)$ に一様収束する．したがって，D で広義一様収束することが示された． ◀

複素関数の無限級数の収束も，その部分和からなる関数列により，次のように定義される．

複素平面上の点集合 D で定義された関数 $f_n(z)$ $(n = 1, 2, \cdots)$ を一般項とする無限級数

$$\sum_{n=1}^{\infty} f_n(z) = f_1(z) + f_2(z) + \cdots + f_n(z) + \cdots \tag{3.5}$$

に対して，その第 n 部分和を，

$$S_n(z) = \sum_{k=1}^{n} f_k(z) = f_1(z) + f_2(z) + \cdots + f_n(z) \tag{3.6}$$

とおく．このとき，関数列 $\{S_n(z)\}$ が D である関数 $S(z)$ に収束すれば，級数 $\sum_{n=1}^{\infty} f_n(z)$ は D で $S(z)$ に収束するといい，$S(z)$ をその和という．さらに，$\{S_n(z)\}$ が点集合 (領域) D で $S(z)$ に (広義) 一様収束すれば，$\sum_{n=1}^{\infty} f_n(z)$ は D で $S(z)$ に (広義) 一様収束するという．

一様収束あるいは広義一様収束する関数列に対する積分や微分に関する基本的な定理 3.9, 3.10 を，関数の無限級数の第 n 部分和に適用すれば，無限級数の**項別積分** (termwise integral) や**項別微分** (termwise differentiation) に関する次の重要な定理が導かれる．

定理 3.11 無限級数の項別積分と項別微分

(1) 有限の長さをもつ曲線 C 上で定義された連続な関数列 $\{f_n(z)\}$ に対して，無限級数 $\sum_{n=1}^{\infty} f_n(z)$ が C 上で関数 $S(z)$ に一様収束すれば，

$$\sum_{n=1}^{\infty} \int_C f_n(z) dz = \int_C S(z) dz$$

が成立する．

(2) 領域 D で正則な関数列 $\{f_n(z)\}$ に対して，無限級数 $\sum_{n=1}^{\infty} f_n(z)$ が，D で関数 $S(z)$ に広義一様収束すれば，$S(z)$ も D で正則であり，しかもすべての自然数 k に対して，

$$\sum_{n=1}^{\infty} f_n{}^{(k)}(z) = S^{(k)}(z) \quad (k = 1, 2, \cdots)$$

は D で広義一様収束する.

関数の無限級数の一様収束性の判定には，次の**ワイヤストラスの M 判定法** (Weierstrass M test) がよく利用される.

定理 3.12 ワイヤストラスの M 判定法

点集合 D で定義された関数 $f_n(z)$ を一般項とする無限級数 $\sum_{n=1}^{\infty} f_n(z)$ に対して，D のすべての点 z で $|f_n(z)| \leqq M_n$ となる正数 M_n $(n = 1, 2, \cdots)$ が存在して，しかも正項級数 $\sum_{n=1}^{\infty} M_n$ が収束すれば，級数 $\sum_{n=1}^{\infty} f_n(z)$ は D において一様に絶対収束する.

この定理は,
$$|f_{m+1}(z) + \cdots + f_n(z)| \leqq |f_{m+1}(z)| + \cdots + |f_n(z)|$$
$$\leqq M_{m+1} + \cdots + M_n$$

の右辺は z に無関係に $m, n \to \infty$ のとき 0 に収束することに注意すれば，コーシーの収束条件より，ただちに導かれる.

3.3 複素変数のべき級数

複素関数の無限級数のなかで，とくに次の形の無限級数

$$\sum_{n=0}^{\infty} c_n(z-a)^n = c_0 + c_1(z-a) + \cdots + c_n(z-a)^n + \cdots \tag{3.7}$$

について考えてみよう. ここで, $a, c_0, c_1, \cdots, c_n, \cdots$ は，複素数である. このような級数を点 a のまわりの**べき級数** (power series)，あるいは**整級数**といい，$c_0, c_1, \cdots$ をその係数，a を中心という.

べき級数の収束については，次の**アーベルの定理** (Abel's theorem) が基本的である.

定理 3.13 アーベルの定理

べき級数 $\sum_{n=0}^{\infty} c_n(z-a)^n$ が点 $z = z_1$ で収束すれば，中心 a, 半径 $|z_1 - a|$ の円 C の内部の任意の点 z で，この級数は絶対収束する.

(証明) 級数 $\sum_{n=0}^{\infty} c_n(z_1-a)^n$ が収束するので, $\lim_{n \to \infty} c_n(z_1-a)^n = 0$ である. したがって, n に無関係な正数 M が存在して,

$$|c_n(z_1-a)^n| \leq M \quad (n=0,1,\cdots)$$

となるので，円 C の内部の任意の点 z に対して，

$$|c_n(z-a)^n| = |c_n(z_1-a)^n| \left|\frac{z-a}{z_1-a}\right|^n \leq M \left|\frac{z-a}{z_1-a}\right|^n$$

である．ここで，

$$\left|\frac{z-a}{z_1-a}\right| < 1$$

であるから，級数

$$M \sum_{n=0}^{\infty} \left|\frac{z-a}{z_1-a}\right|^n$$

は収束するので，ダランベールの判定法より，べき級数 $\sum_{n=0}^{\infty} c_n(z-a)^n$ は円 C の内部で絶対収束する． ◂

この定理によれば，べき級数 $\sum_{n=0}^{\infty} c_n(z-a)^n$ が $|z-a| < \rho$ である任意の z に対しては収束し，$|z-a| > \rho$ である任意の z に対しては発散するような正の実数 ρ が存在することがわかる．このような ρ をべき級数の**収束半径** (convergence radius) といい，中心 a，半径 ρ の円 $|z-a| = \rho$ を**収束円** (convergence circle) という．とくに，$\rho = 0$ のとき，べき級数は $z = a$ だけで収束し，$\rho = \infty$ のとき，べき級数は全平面で収束する．

べき級数の収束半径を求めるには，次の定理が有用である．

定理 3.14 べき級数の収束半径

べき級数 $\sum_{n=0}^{\infty} c_n(z-a)^n$ に対して，極限

$$\lim_{n \to \infty} \left|\frac{c_n}{c_{n+1}}\right| = \rho \tag{3.8}$$

が存在すれば，ρ はその収束半径である．

実際，

$$|r(z)| = \lim_{n \to \infty} \left|\frac{c_{n+1}(z-a)^{n+1}}{c_n(z-a)^n}\right| = |z-a| \lim_{n \to \infty} \left|\frac{c_{n+1}}{c_n}\right| = \frac{|z-a|}{\rho}$$

であるから，べき級数 $\sum_{n=0}^{\infty} c_n(z-a)^n$ は，ダランベールの判定法より，$|r(z)| < 1$ すなわち $|z-a| < \rho$ において絶対収束し，$|r(z)| > 1$ すなわち $|z-a| > \rho$ において発散するので，ρ はその収束半径である．

例 3.1
次のべき級数の収束半径は，定理 3.14 より容易にわかる．

(1) $1 + z + z^2 + \cdots + z^n + \cdots$

(2) $1 + \dfrac{z}{1!} + \dfrac{z^2}{2!} + \cdots + \dfrac{z^n}{n!} + \cdots$

(3) $1 - \dfrac{z^2}{2!} + \dfrac{z^4}{4!} - \cdots + (-1)^n \dfrac{z^{2n}}{(2n)!} + \cdots$

(4) $1 + \dfrac{z}{2 \cdot 1^2} + \dfrac{z^2}{2^2 \cdot 2^2} + \cdots + \dfrac{z^n}{2^n \cdot n^2} + \cdots$

たとえば，(1) に対しては $\rho = \lim\limits_{n \to \infty} (1/1) = 1$ となり，(2) に対しては，

$$\rho = \lim_{n \to \infty} \frac{(n+1)!}{n!} = \lim_{n \to \infty} (n+1) = \infty$$

となることがわかる．

問 3.5
例 3.1 の (3), (4) の収束半径が，それぞれ $\rho = \infty$，$\rho = 2$ となることを確かめよ．

べき級数の一様収束性については，次の定理が成立する．

定理 3.15 べき級数の一様収束性

0 でない収束半径 ρ をもつべき級数 $\sum\limits_{n=0}^{\infty} c_n (z-a)^n$ は，収束円内の任意の同心円板 $|z-a| \leqq \rho_1 \; (< \rho)$ の上で，一様収束する．ここで，円板とは 1 つの円とその内部からなる閉集合のことである．

この定理は，円板上の任意の点 z に対して，

$$|c_n (z-a)^n| \leqq |c_n| \rho_1{}^n$$

で，しかも定理 3.13 より，円周 $|z-a| = \rho_1$ 上の点 z_1 で $\sum\limits_{n=0}^{\infty} c_n (z_1 - a)^n$ が絶対収束することより，級数 $\sum\limits_{n=0}^{\infty} |c_n| \rho_1{}^n$ が収束するので，ワイヤストラスの M 判定法を適用すれば，ただちに導かれる．

無限級数の項別積分と微分に関する定理 3.11 と，この定理から，べき級数に対する次の性質が導かれる．

(1) べき級数で定められる関数は，収束円内で正則な関数である．
(2) べき級数は，収束円内の任意の曲線に沿って，項別に積分できる．
(3) べき級数は，収束円内のすべての点で，項別に微分できる．

べき級数の項別微分可能性の性質を用いれば，べき級数の一意性が容易に導かれる．

> **定理 3.16** べき級数の一意性
>
> 2つのべき級数 $\sum_{n=0}^{\infty} c_n(z-a)^n$, $\sum_{n=0}^{\infty} c'_n(z-a)^n$ が同じ円の内部で同じ関数に収束すれば,
> $$c_n = c'_n \quad (n=0,1,2,\cdots)$$
> が成立する.

実際, べき級数の項別微分可能性を,
$$f(z) = \sum_{n=0}^{\infty} c_n(z-a)^n = \sum_{n=0}^{\infty} c'_n(z-a)^n$$
に繰り返し適用すれば,
$$f^{(k)}(z) = \sum_{n=0}^{\infty} n(n-1)\cdots(n-k+1)c_n(z-a)^{n-k}$$
$$= \sum_{n=0}^{\infty} n(n-1)\cdots(n-k+1)c'_n(z-a)^{n-k}$$
となるので, $z=a$ とおけば,
$$f^{(k)}(a) = k!c_k = k!c'_k \quad \text{すなわち} \quad c_k = c'_k \quad (k=0,1,\cdots)$$
が得られることがわかる.

3.4 テイラー展開とローラン展開

べき級数で定められる関数はその収束円内で正則であったが, 逆に領域 D で正則な関数はべき級数に展開できることが, 次の定理に示される.

> **定理 3.17** テイラーの定理
>
> 関数 $f(z)$ が領域 D で正則で, D 内の任意の点 a を中心とする半径 ρ の円 C およびその内部が D に含まれているとする. このとき, $f(z)$ は円 C の内部で, 次のようなべき級数に一意的に展開できる.
> $$f(z) = f(a) + \frac{f'(a)}{1!}(z-a) + \frac{f''(a)}{2!}(z-a)^2 + \cdots + \frac{f^{(n)}(a)}{n!}(z-a)^n + \cdots \quad (3.9)$$

この展開式 (級数) を, 点 a のまわりの関数 $f(z)$ の**テイラー展開** (**級数**) (Taylor's expansion (series)) という. とくに $a=0$ のときは, **マクローリン展開** (**級数**) (Maclaurin's expansion (series)) という.

（証明） 図 3.2 のように, 円 C の内部の任意の点を z とすれば, 円 C とその内部は D に含まれるから, コーシーの積分公式より,

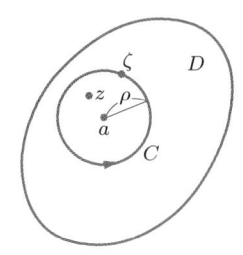

図 **3.2** テイラーの定理の証明の補助図

$$f(z) = \frac{1}{2\pi i}\int_C \frac{f(\zeta)}{\zeta - z}d\zeta$$

が成立する．ここで，円 C 上の点 ζ に対しては，$|z-a| < |\zeta - a|$ であるから，

$$\frac{1}{\zeta - z} = \frac{1}{(\zeta - a) - (z - a)} = \frac{1}{(\zeta - a)}\frac{1}{1 - \dfrac{z-a}{\zeta - a}}$$

$$= \frac{1}{\zeta - a}\left[1 + \frac{z-a}{\zeta - a} + \cdots + \left(\frac{z-a}{\zeta - a}\right)^n + \cdots\right]$$

と展開できる．C 上で $f(\zeta)$ は有界であるから，ワイヤストラスの M 判定法より，級数

$$\frac{f(\zeta)}{\zeta - z} = \frac{f(\zeta)}{\zeta - a} + \frac{z-a}{(\zeta - a)^2}f(\zeta) + \cdots + \frac{(z-a)^n}{(\zeta - a)^{n+1}}f(\zeta) + \cdots$$

は C 上で一様収束する．

したがって，定理 3.11 によりこの級数は項別積分できるので，

$$f(z) = \frac{1}{2\pi i}\int_C \frac{f(\zeta)}{\zeta - z}d\zeta$$
$$= \frac{1}{2\pi i}\int_C \frac{f(\zeta)}{\zeta - a}d\zeta + \frac{z-a}{2\pi i}\int_C \frac{f(\zeta)}{(\zeta - a)^2}d\zeta + \cdots + \frac{(z-a)^n}{2\pi i}\int_C \frac{f(\zeta)}{(\zeta - a)^{n+1}}d\zeta + \cdots$$

となる．ここで，右辺の各項に微分係数の積分公式を適用すれば，テイラーの展開式が得られる．さらに，テイラー展開の一意性は，べき級数の一意性の定理より，ただちに導かれる．◀

実変数の場合と同様に，次のような基本的な関数のマクローリン展開が得られる．

$$\frac{1}{1-z} = 1 + z + z^2 + \cdots + z^n + \cdots \quad (|z| < 1)$$

$$e^z = 1 + \frac{z}{1!} + \frac{z^2}{2!} + \cdots + \frac{z^n}{n!} + \cdots \quad (|z| < \infty)$$

$$\sin z = z - \frac{z^3}{3!} + \frac{z^5}{5!} - \cdots + (-1)^{n-1}\frac{z^{2n-1}}{(2n-1)!} + \cdots \quad (|z| < \infty)$$

$$\cos z = 1 - \frac{z^2}{2!} + \frac{z^4}{4!} - \cdots + (-1)^n\frac{z^{2n}}{(2n)!} + \cdots \quad (|z| < \infty)$$

$$\log(1+z) = z - \frac{z^2}{2} + \frac{z^3}{3} - \cdots + (-1)^{n-1}\frac{z^n}{n} + \cdots \quad (|z| < 1)$$

$$\tan^{-1} z = z - \frac{z^3}{3} + \frac{z^5}{5} - \cdots + (-1)^n \frac{z^{2n+1}}{2n+1} + \cdots \quad (|z| < 1)$$

$$(1+z)^\alpha = 1 + \alpha z + \frac{\alpha(\alpha-1)}{2} z^2 + \cdots$$

$$+ \frac{\alpha(\alpha-1)\cdots(\alpha-n+1)}{n!} z^n + \cdots \quad (\alpha：複素数) \quad (|z| < 1)$$

ここで，$\log(1+z)$ と $\tan^{-1} z$ は，$z=0$ のとき 0 となる分岐を表し，$(1+z)^\alpha$ は $z=0$ のとき 1 となる分岐を表す．また，$(1+z)^\alpha$ のマクローリン展開は，拡張された 2 項定理となっている．

テイラー展開は $f(z)$ が正則であるような点 a のまわりでの $f(z)$ の級数展開であるが，点 a が関数 $f(z)$ の特異点のときは，次の形の級数展開が可能である．

定理 3.18 ローランの定理

点 a を中心とする半径が ρ_1 と ρ_2 $(0 < \rho_1 < \rho_2)$ の 2 つの同心円 C_1, C_2 の周上およびその間の円環領域で (図 3.3 参照)，関数 $f(z)$ が正則であれば，$f(z)$ は円環領域内で，

$$f(z) = \sum_{n=-\infty}^{\infty} c_n (z-a)^n \quad (\rho_1 < |z-a| < \rho_2)$$
$$= \cdots + \frac{c_{-m}}{(z-a)^m} + \cdots + \frac{c_{-2}}{(z-a)^2} + \frac{c_{-1}}{z-a}$$
$$+ c_0 + c_1(z-a) + c_2(z-a)^2 + \cdots + c_n(z-a)^n + \cdots \quad (3.10)$$

の形に，一意的に展開できる．ここで，各項の係数は，

$$c_n = \frac{1}{2\pi i} \int_C \frac{f(\zeta)}{(\zeta-a)^{n+1}} d\zeta$$
$$(n = 0, \pm 1, \pm 2, \cdots) \quad (3.11)$$

で与えられ，C は C_1 と C_2 の間の任意の同心円である．

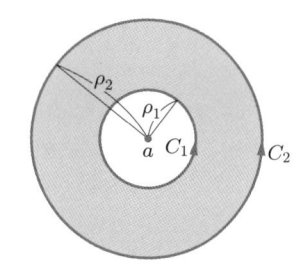

図 3.3 円環領域

この展開式 (級数) を，点 a のまわりの関数 $f(z)$ の**ローラン展開 (級数)** (Laurent's expansion (series)) という．

(証明) 円環領域内の任意の点を z とおくと，拡張されたコーシーの積分公式より，

$$f(z) = \frac{1}{2\pi i} \int_{C_2} \frac{f(\zeta)}{\zeta-z} d\zeta - \frac{1}{2\pi i} \int_{C_1} \frac{f(\zeta)}{\zeta-z} d\zeta$$

となる．右辺の第 1 項に対しては，テイラーの定理の証明がそのまま適用でき，

$$\frac{1}{2\pi i}\int_{C_2}\frac{f(\zeta)}{\zeta-z}d\zeta = \sum_{n=0}^{\infty}\frac{(z-a)^n}{2\pi i}\int_{C_2}\frac{f(\zeta)}{(\zeta-a)^{n+1}}d\zeta$$
$$= \sum_{n=0}^{\infty}c_n(z-a)^n$$

となる.第2項については,円 C_1 上の点 ζ に対しては $|\zeta-a|<|z-a|$ であるから,

$$\frac{1}{\zeta-z} = -\frac{1}{(z-a)-(\zeta-a)} = -\frac{1}{(z-a)}\frac{1}{1-\dfrac{\zeta-a}{z-a}}$$
$$= -\frac{1}{z-a}\left[1+\frac{\zeta-a}{z-a}+\cdots+\left(\frac{\zeta-a}{z-a}\right)^n+\cdots\right]$$

となり,しかも C_1 で一様収束する.したがって,これに $f(\zeta)$ を掛けて積分するときに,項別積分できるので,

$$-\frac{1}{2\pi i}\int_{C_1}\frac{f(\zeta)}{\zeta-z}d\zeta = \sum_{n=1}^{\infty}\frac{1}{2\pi i(z-a)^n}\int_{C_1}f(\zeta)(\zeta-a)^{n-1}d\zeta = \sum_{n=1}^{\infty}c_{-n}(z-a)^{-n}$$

となる.ここで,$f(\zeta)/(\zeta-a)^{n+1}$,$f(\zeta)(\zeta-a)^{n-1}$ は C_1 と C_2 の間で正則であるから,以上の積分の積分路 C_1,C_2 を C に取り換えることができるので,ローラン展開が得られる.

ローラン展開の一意性は,次のように示される.

いま,$f(z)$ が $\rho_1<|z-a|<\rho_2$ で $f(z)=\sum_{n=-\infty}^{\infty}c'_n(z-a)^n$ と表されているとすれば,円 C 上でこのべき級数は一様収束するので項別積分できる.したがって,

$$c_k = \frac{1}{2\pi i}\int_C\frac{f(z)}{(z-a)^{k+1}}dz = \frac{1}{2\pi i}\int_C\sum_{n=-\infty}^{\infty}c'_n(z-a)^{n-k-1}dz$$
$$= \frac{1}{2\pi i}\sum_{n=-\infty}^{\infty}c'_n\int_C(z-a)^{n-k-1}dz$$

となる.ここで,2.1節の例2.2より,右辺は c'_k となり,

$$c_k = c'_k \quad (k=0,\pm 1,\pm 2,\cdots)$$

が得られる.

定理3.18において,もし関数 $f(z)$ が円 C_1 の内部でも正則であれば,コーシーの定理と公式が成立するので,

$$c_{-n}=0\quad (n=1,2,\cdots),\qquad c_n=\frac{f^{(n)}(a)}{n!}\quad (n=0,1,2,\cdots)$$

となり,ローラン展開はテイラー展開となることに注意しよう.

例 3.2 次の関数の点 $z=0$ のまわりのローラン展開を求めよ.

(1) $f(z)=z^2 e^{1/z}$ \quad (2) $f(z)=\dfrac{\sin z}{z^2}$

【解】 (1) e^z のマクローリン展開を利用すれば,

$$f(z)=z^2 e^{1/z}=z^2\left(1+\frac{1}{1!z}+\frac{1}{2!z^2}+\frac{1}{n!z^n}+\cdots\right)$$

$$= z^2 + \frac{z}{1!} + \frac{1}{2!} + \frac{1}{3!z} + \cdots + \frac{1}{n!z^{n-2}} + \cdots \quad (0 < |z| < \infty)$$

(2) $\sin z$ のマクローリン展開を利用すれば,

$$f(z) = \frac{1}{z^2}\left(z - \frac{z^3}{3!} + \frac{z^5}{5!} - \cdots\right)$$

$$= \frac{1}{z} - \frac{z}{3!} + \frac{z^3}{5!} - \cdots \quad (0 < |z| < \infty)$$

例 3.3 関数 $f(z) = \dfrac{7z - 2}{z(z+1)(z-2)}$ を，次の領域でローラン展開せよ．

(1) $0 < |z+1| < 1$　　(2) $1 < |z+1| < 3$　　(3) $3 < |z+1|$

【解】 $f(z)$ を部分分数に展開すれば,

$$f(z) = \frac{7z-2}{z(z+1)(z-2)} = \frac{-3}{z+1} + \frac{1}{z} + \frac{2}{z-2}$$

となるので，第2項と第3項を $z+1$ のべき級数に展開する．

$|z+1| < 1$ のとき,

$$\frac{1}{z} = -\frac{1}{1-(z+1)} = -1 - (z+1) - \cdots - (z+1)^n - \cdots \quad (|z+1| < 1)$$

$|z+1| > 1$ のとき,

$$\frac{1}{z} = \frac{1}{(z+1)-1} = \frac{1}{z+1}\cdot\frac{1}{1-\dfrac{1}{z+1}}$$

$$= \frac{1}{z+1} + \frac{1}{(z+1)^2} + \cdots + \frac{1}{(z+1)^n} + \cdots \quad (|z+1| > 1)$$

$|z+1| < 3$ のとき,

$$\frac{2}{z-2} = \frac{-2}{3-(z+1)} = -\frac{2}{3}\cdot\frac{1}{1-\dfrac{z+1}{3}}$$

$$= -\frac{2}{3}\left(1 + \frac{z+1}{3} + \cdots + \left(\frac{z+1}{3}\right)^n + \cdots\right) \quad (|z+1| < 3)$$

$|z+1| > 3$ のとき,

$$\frac{2}{z-2} = \frac{2}{z+1-3} = \frac{2}{z+1}\cdot\frac{1}{1-\dfrac{3}{z+1}}$$

$$= \frac{2}{z+1}\left(1 + \frac{3}{z+1} + \cdots + \left(\frac{3}{z+1}\right)^n + \cdots\right) \quad (|z+1| > 3)$$

したがって，$f(z)$ の領域 (1), (2), (3) でのローラン展開は，それぞれ次のようになることがわかる．

(1)　$f(z) = -\dfrac{3}{z+1} - \dfrac{5}{3} - \displaystyle\sum_{n=1}^{\infty}\left(1 + \dfrac{2}{3^{n+1}}\right)(z+1)^n$　$(|z+1| < 1)$

(2)　$f(z) = -\dfrac{2}{3}\displaystyle\sum_{n=0}^{\infty}\left(\dfrac{z+1}{3}\right)^n - \dfrac{2}{z+1} + \sum_{n=2}^{\infty}\dfrac{1}{(z+1)^n}$　$(1 < |z+1| < 3)$

(3)　$f(z) = \displaystyle\sum_{n=2}^{\infty}\dfrac{1 + 2\cdot 3^{n-1}}{(z+1)^n}$　$(|z+1| > 3)$

問 3.6　次の関数の点 $z = 0$ のまわりのローラン展開を求めよ．
(1)　$f(z) = \dfrac{e^z - 1}{z^2}$　　(2)　$f(z) = z\sin\dfrac{1}{z}$

問 3.7　関数 $f(z) = \dfrac{1}{(z-1)(z-2)}$ を，次の領域でローラン展開せよ．
(1)　$0 < |z - 2| < 1$　　(2)　$1 < |z - 2|$

3.5　特異点と留数

関数 $f(z)$ が点 a で正則でないとき，a を $f(z)$ の**特異点** (singular point) というが，とくに，$f(z)$ が a のある近傍で正則で，a では正則でないとき，a を $f(z)$ の**孤立特異点** (isolated singular point) という．

$f(z)$ の孤立特異点 a に対して，十分小さな正数 ρ をとると，$f(z)$ は $0 < |z - a| < \rho$ で正則であるから，$f(z)$ は a のまわりで次のようにローラン展開できる．

$$f(z) = \sum_{n=1}^{\infty}\frac{c_{-n}}{(z-a)^n} + \sum_{n=0}^{\infty}c_n(z-a)^n \tag{3.12}$$

ここで，右辺の第 2 項は $|z - a| < \rho$ で収束するので，特異点 a の近傍における $f(z)$ の特異性を表すのは，右辺の第 1 項であることがわかる．この意味で，第 1 項を特異点 a における $f(z)$ のローラン展開の**主要部** (principal part) という．この主要部の形により，孤立特異点は次のように分類される．

(1)　主要部がない場合，すなわち，

$$f(z) = \sum_{n=0}^{\infty}c_n(z-a)^n \tag{3.13}$$

このとき，点 a を $f(z)$ の**除去可能な特異点** (removable singular point) という．

(2)　主要部が有限級数となる場合，すなわち，

$$f(z) = \frac{c_{-n}}{(z-a)^n} + \cdots + \frac{c_{-1}}{z-a} + \sum_{n=0}^{\infty}c_n(z-a)^n \quad (c_{-n} \neq 0) \tag{3.14}$$

このとき，点 a を $f(z)$ の n **位の極** (pole) という．

(3) 主要部が無限級数となる場合，すなわち，

$$f(z) = \sum_{n=-\infty}^{\infty} c_n(z-a)^n \tag{3.15}$$

において，負べき項の係数 c_{-n} で，0 でないものが無数にある．このとき，点 a を $f(z)$ の**真性特異点** (essential singular point) という．

$f(z)$ の孤立特異点 a の近傍 (a を除く) でのローラン展開を，

$$f(z) = \sum_{n=-\infty}^{\infty} c_n(z-a)^n \tag{3.16}$$

$$c_n = \frac{1}{2\pi i} \int_C \frac{f(z)}{(z-a)^{n+1}} dz \quad (n = 0, \pm 1, \pm 2, \cdots) \tag{3.17}$$

とする．ここで，積分路 C は，その周上および点 a を除いた内部で，$f(z)$ が正則であるような単一閉曲線である．

ここで，式 (3.17) において $n = -1$ とおけば，

$$c_{-1} = \frac{1}{2\pi i} \int_C f(z) dz \tag{3.18}$$

となる．このことは，$f(z)$ を曲線 C に沿って積分すれば，$f(z)$ のローラン展開の $1/(z-a)$ の係数 c_{-1} だけが留まって残っていることを示している．この意味で，c_{-1} を $f(z)$ の a における**留数** (residue) といい，記号 Res (f, a) あるいは Res (a) で表す．

さて，a が $f(z)$ の k 位の極であれば，

$$f(z) = \frac{c_{-k}}{(z-a)^k} + \cdots + \frac{c_{-1}}{(z-a)} + \sum_{n=0}^{\infty} c_n(z-a)^n \quad (c_{-k} \neq 0)$$

であるから，両辺に $(z-a)^k$ を掛けてから $(k-1)$ 回微分して，$z \to a$ とすれば，c_{-1} を含む項だけが残り，次の公式が得られる．

$$\text{Res}\,(f, a) = \frac{1}{(k-1)!} \lim_{z \to a} \frac{d^{k-1}}{dz^{k-1}} \{(z-a)^k f(z)\} \tag{3.19}$$

とくに，a が $f(z)$ の 1 位の極であれば，

$$\text{Res}\,(f, a) = \lim_{z \to a} \{(z-a) f(z)\} \tag{3.20}$$

となる．

さらに，$f(z) = h(z)/g(z)$ の形で表され，$h(z)$, $g(z)$ が $z = a$ の近傍で正則で $h(a) \neq 0$, $g(a) = 0$ かつ $g'(a) \neq 0$ のときは，

$$\text{Res}\,(f, a) = \lim_{z \to a} (z-a) f(z) = \frac{\lim\limits_{z \to a} h(z)}{\lim\limits_{z \to a} \dfrac{g(z) - g(a)}{z - a}} = \frac{h(a)}{g'(a)}$$

となるので，公式
$$\mathrm{Res}\left(\frac{h(z)}{g(z)}, a\right) = \frac{h(a)}{g'(a)} \tag{3.21}$$
が成立する．

例 3.4 次の関数の特異点における留数を求めよ．

(1) $\dfrac{z}{z^2+1}$ (2) $\dfrac{ze^z}{(z-1)^3}$

【解】 (1) 特異点は $\pm i$ で，それぞれ 1 位の極であるから，式 (3.20) より，
$$\mathrm{Res}(\pm i) = \lim_{z \to \pm i}(z \mp i)\frac{z}{z^2+1} = \lim_{z \to \pm i}\frac{z}{z \pm i} = \frac{1}{2}$$

(2) $z = 1$ が 3 位の極であるから，式 (3.19) より，
$$\mathrm{Res}(1) = \frac{1}{2!}\lim_{z \to 1}\frac{d^2}{dz^2}(z-1)^3\frac{ze^z}{(z-1)^3}$$
$$= \frac{1}{2}\lim_{z \to 1}\frac{d^2}{dz^2}(ze^z) = \frac{1}{2}\lim_{z \to 1}(z+2)e^z = \frac{3e}{2}$$

問 3.8 次の関数の特異点における留数を求めよ．

(1) $\dfrac{z}{(z^2+1)^2}$ (2) $\dfrac{ze^{iz}}{(z-1)^2}$

次の**留数定理** (residue theorem) は，応用上きわめて重要な定理である．

定理 3.19 留数定理

関数 $f(z)$ が単一閉曲線 C 上とその内部で，C の内部にある有限個の特異点 $a_1, a_2, \cdots, a_k$ を除いて正則であれば，
$$\int_C f(z)dz = 2\pi i \sum_{j=1}^{k} \mathrm{Res}(f, a_j) \tag{3.22}$$
が成立する．

(証明) 図 3.4 のように，点 a_j $(j = 1, 2, \cdots, k)$ を中心として C の内部に含まれ，しかも互いに交わらないような十分小さな半径の円 C_j を描けば $(j = 1, 2, \cdots, k)$，拡張されたコーシーの積分定理により，
$$\int_C f(z)dz = \sum_{j=1}^{k}\int_{C_j} f(z)dz = 2\pi i \sum_{j=1}^{k} \mathrm{Res}(f, a_j)$$
が得られる． ◀

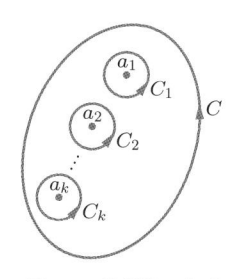

図 3.4 積分路の変形

例 3.5　$\int_C \dfrac{e^z}{(z^2+1)^2}dz,\ C:|z|=2$ を求めよ．

【解】 被積分関数は 2 つの 2 位の極 $z=\pm i$ をもち，ともに C 内にある．

それぞれの留数は，公式 (3.19) より，

$$\mathrm{Res}\,(\pm i)=\lim_{z\to\pm i}\frac{d}{dz}\left\{(z\mp i)^2\frac{e^z}{(z+i)^2(z-i)^2}\right\}=-\frac{(1\pm i)e^{\pm i}}{4}$$

となる．したがって，留数定理から，

$$\int_C \frac{e^z}{(z^2+1)^2}dz = 2\pi i\left\{-\frac{(1+i)e^i}{4}-\frac{(1-i)e^{-i}}{4}\right\}=\sqrt{2}\pi i\sin(1-\pi/4)$$

問 3.9　次の積分の値を求めよ．

(1)　$\int_C \dfrac{dz}{z(z-1)^2},\ C:|z|=2$　　(2)　$\int_C \dfrac{e^{iz}}{(z^2+4)^2}dz,\ C:|z|=3$

3.6　定積分の計算

留数定理の応用として，実関数の定積分の計算法について考察してみよう．留数定理により，見通しよく容易に計算できる代表的な定積分のタイプをまとめると，次のようになる．

(a) $\displaystyle\int_0^{2\pi} f(\cos\theta,\sin\theta)d\theta$

ここで，$f(\cos\theta,\sin\theta)$ は，$\cos\theta,\sin\theta$ の有理関数で，分母は 0 にはならないとする．$z=e^{i\theta}\ (0\leq\theta\leq 2\pi)$ とおくと，オイラーの公式より，

$$\cos\theta=\frac{1}{2}\left(z+\frac{1}{z}\right),\qquad \sin\theta=\frac{1}{2i}\left(z-\frac{1}{z}\right),\qquad \frac{dz}{d\theta}=iz$$

であるから，

$$\int_0^{2\pi} f(\cos\theta,\sin\theta)d\theta=\int_{|z|=1} F(z)dz$$

となる．ただし，

$$F(z)=\frac{1}{iz}f\left(\frac{1}{2}\left(z+\frac{1}{z}\right),\frac{1}{2i}\left(z-\frac{1}{z}\right)\right) \tag{3.23}$$

は，z の有理関数で，単位円：$|z|=1$ 上で極をもたない．したがって，$F(z)$ の単位円の内部での特異点を $a_1,a_2,\cdots,a_k$ とすれば，求める定積分は公式

$$\int_0^{2\pi} f(\cos\theta,\sin\theta)d\theta=2\pi i\sum_{j=1}^k \mathrm{Res}\,(F,a_j) \tag{3.24}$$

例 3.6
$I = \displaystyle\int_0^{2\pi} \dfrac{1}{(\cos\theta + 2)^2} d\theta$ を求めよ.

【解】 $F(z) = \dfrac{1}{iz} \dfrac{1}{\left(\frac{1}{2}\left(z + \frac{1}{z}\right) + 2\right)^2} = \dfrac{4z}{i(z^2 + 4z + 1)^2}$

$\qquad = \dfrac{4z}{i(z + 2 - \sqrt{3})^2(z + 2 + \sqrt{3})^2}$

となるので, $F(z)$ は単位円内に 2 次の極 $-2 + \sqrt{3}$ をもつ. この極に対して, 式 (3.19) より,

$$\text{Res}(F, -2+\sqrt{3}) = \lim_{z \to -2+\sqrt{3}} \dfrac{4}{i}\left(\dfrac{z}{(z+2+\sqrt{3})^2}\right)'$$

$$= \lim_{z \to -2+\sqrt{3}} \dfrac{4}{i}\left(-\dfrac{z - 2 - \sqrt{3}}{(z + 2 + \sqrt{3})^3}\right) = \dfrac{2}{3\sqrt{3}i}$$

となるので,

$$I = 2\pi i \dfrac{2}{3\sqrt{3}i} = \dfrac{4\pi}{3\sqrt{3}}$$

が得られる.

問 3.10 次の定積分を求めよ.
(1) $\displaystyle\int_0^{2\pi} \dfrac{d\theta}{\cos\theta + 2}$ (2) $\displaystyle\int_0^{2\pi} \dfrac{d\theta}{3\sin\theta + 5}$ (3) $\displaystyle\int_0^{2\pi} \dfrac{d\theta}{(\cos^2\theta + 3)^2}$

(b) $\displaystyle\int_{-\infty}^{\infty} f(x)dx$

ここで, $f(x) = P(x)/Q(x)$ で, P, Q はそれぞれ m 次, n 次の多項式で, しかも $Q(x) = 0$ は実根をもたず, $n \geq m + 2$ であるとする. このとき, 図 3.5 のように, 中心 O, 半径 R の円の上半分を C_1, 実軸上の閉区間 $[-R, R]$ を C_2 とし, 閉曲線 $C = C_1 + C_2$ に沿っての積分

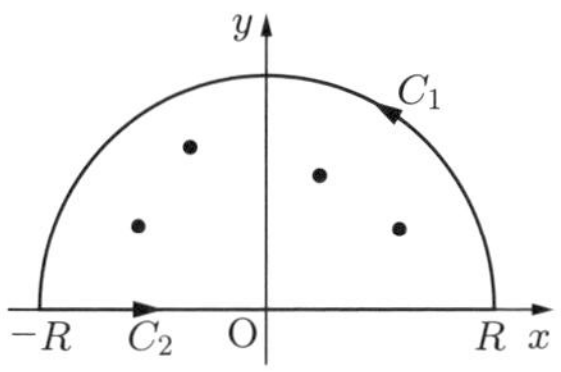

図 3.5 上半平面を囲む半円

$$\int_C f(z)dz = \int_{-R}^{R} f(x)dx + \int_{C_1} f(z)dz$$

を考える.

R が十分大きければ, $f(z)$ の上半平面にある極 $a_1, a_2, \cdots, a_k$ はすべて閉曲線 C の内部に含まれるので, 留数定理より,

$$\int_{-R}^{R} f(x)dx + \int_{C_1} f(z)dz = 2\pi i \sum_{j=1}^{k} \operatorname{Res}(f, a_j)$$

となる．ここで，$n \geq m+2$ であることに注意すれば，十分大きな $|z|$ に対して，

$$|f(z)| \leq \frac{M}{|z|^2}$$

となる R に無関係な M が存在するので，

$$\left|\int_{C_1} f(z)dz\right| \leq \int_{C_1} |f(z)|ds \leq \frac{M}{R^2} \int_{C_1} ds = \frac{M\pi}{R} \to 0 \quad (R \to \infty)$$

となる．

したがって，求める積分は，公式

$$\int_{-\infty}^{\infty} f(x)dx = 2\pi i \sum_{j=1}^{k} \operatorname{Res}(f, a_j) \tag{3.25}$$

により計算できる．

ここで，とくに $f(x)$ が偶関数 (even function)，すなわち $f(-x) = f(x)$ であれば，

$$\int_{0}^{\infty} f(x)dx = \pi i \sum_{j=1}^{k} \operatorname{Res}(f, a_j) \tag{3.26}$$

となることに注意しよう．

例 3.7 $I = \displaystyle\int_0^\infty \frac{x^2}{x^4+1} dx$ を求めよ．

【解】 $f(z) = z^2/(z^4+1)$ は，4つの1位の極 $e^{\pi i/4}$, $e^{3\pi i/4}$, $e^{-3\pi i/4}$, $e^{-\pi i/4}$ をもつが，$f(z)$ の上半平面にある極は，$a_1 = e^{\pi i/4}$ と $a_2 = e^{3\pi i/4}$ であり，それぞれの留数は公式 (3.21) より，

$$\operatorname{Res}(f, a_1) = \left[\frac{z^2}{4z^3}\right]_{z=e^{\pi i/4}} = \left[\frac{1}{4z}\right]_{z=e^{\pi i/4}} = \frac{1}{4}e^{-\pi i/4}$$

$$\operatorname{Res}(f, a_2) = \left[\frac{1}{4z}\right]_{z=e^{3\pi i/4}} = \frac{1}{4}e^{-3\pi i/4}$$

となる．したがって，式 (3.26) より，

$$I = \frac{1}{4}\pi i(e^{-\pi i/4} + e^{-3\pi i/4}) = \frac{\sqrt{2}}{4}\pi$$

問 3.11 次の定積分を求めよ．

(1) $\displaystyle\int_{-\infty}^{\infty} \frac{dx}{(1+x^2)^2}$ (2) $\displaystyle\int_{0}^{\infty} \frac{dx}{(1+x^2)^3}$ (3) $\displaystyle\int_{-\infty}^{\infty} \frac{dx}{1+x^6}$

(c) $\displaystyle\int_{-\infty}^{\infty} f(x)\cos bx\,dx$ および $\displaystyle\int_{-\infty}^{\infty} f(x)\sin bx\,dx$ $(b>0)$

(b) と同じ仮定のもとで，任意の正数 b に対して，

$$\int_C f(z)dz \quad \text{のかわりに} \quad \int_C f(z)e^{ibz}dz$$

を考えれば，まったく同様にして公式

$$\int_{-\infty}^{\infty} f(x)e^{ibx}dx = 2\pi i \sum_{j=1}^{k} \text{Res}\,(f(z)e^{ibz}, a_j) \tag{3.27}$$

が得られる．したがって，両辺の実部と虚部を比較すれば，求める積分はそれぞれ公式

$$\int_{-\infty}^{\infty} f(x)\cos bx\,dx = -2\pi \sum_{j=1}^{k} \text{Im}\,\text{Res}\,(f(z)e^{ibz}, a_j) \tag{3.28}$$

$$\int_{-\infty}^{\infty} f(x)\sin bx\,dx = 2\pi \sum_{j=1}^{k} \text{Re}\,\text{Res}\,(f(z)e^{ibz}, a_j) \tag{3.29}$$

により計算できることがわかる．

問 3.12 上半平面では $y \geq 0$ であるから，

$$|e^{ibz}| = |e^{ibx}||e^{-by}| = e^{-by} \leq 1 \quad (b>0,\ y \geq 0)$$

より，$|f(z)e^{ibz}| \leq |f(z)|\,(b>0,\ y \geq 0)$ となることに注意して，公式 (3.27)〜(3.29) が成立することを確かめよ．

公式 (3.27)〜(3.29) は，実は $n-m=1$ のときも成立するが，ここではこれ以上ふれないことにする．

例 3.8 次の定積分を求めよ．

$$I_1 = \int_{-\infty}^{\infty} \frac{\cos x}{x^2+1}dx, \quad I_2 = \int_{-\infty}^{\infty} \frac{\sin x}{x^2+1}dx$$

【解】 関数 $e^{iz}/(z^2+1)$ は上半平面で極 $a_1 = i$ をもち，この点での留数は，

$$\text{Res}\,(e^{iz}/(z^2+1),\ i) = \left[\frac{e^{iz}}{2z}\right]_{z=i} = \frac{e^{-1}}{2i}$$

となる．したがって，式 (3.28), (3.29) より，

$$I_1 = \frac{\pi}{e}, \quad I_2 = 0$$

が得られる．

問 3.13　次の定積分を求めよ.
(1) $\displaystyle\int_{-\infty}^{\infty}\frac{\cos x}{(x^2+1)^2}dx$　(2) $\displaystyle\int_{-\infty}^{\infty}\frac{\cos x}{x^4+1}dx$

演習問題 [3]

3.1　次の級数の収束発散を調べよ.
(1) $\displaystyle\sum_{n=1}^{\infty}\frac{i^n}{n^2}$　(2) $\displaystyle\sum_{n=1}^{\infty}\frac{n(2i)^n}{n^2+1}$　(3) $\displaystyle\sum_{n=2}^{\infty}\frac{i^n}{\log n}$　(4) $\displaystyle\sum_{n=1}^{\infty}\frac{e^{in\pi}}{n^2}$

3.2　$\displaystyle\sum_{n=1}^{\infty}z_n$ と $\displaystyle\sum_{n=1}^{\infty}z_n{}^2$ が収束し，しかも $\operatorname{Re}z_n\geqq 0$ であれば，$\displaystyle\sum_{n=1}^{\infty}z_n{}^2$ は絶対収束することを証明せよ.

3.3　$\displaystyle\sum_{n=1}^{\infty}z_n$ が収束し，しかも $|\arg z_n|\leqq\theta<\dfrac{\pi}{2}$ $(n=1,2,\cdots)$ であれば，$\displaystyle\sum_{n=1}^{\infty}z_n$ は絶対収束することを証明せよ.

3.4　次のべき級数の収束半径を求めよ.
(1) $\displaystyle\sum_{n=0}^{\infty}n!z^n$　(2) $\displaystyle\sum_{n=0}^{\infty}\frac{z^n}{n!}$　(3) $\displaystyle\sum_{n=1}^{\infty}\frac{z^n}{n^k}$ (k：正整数)　(4) $\displaystyle\sum_{n=1}^{\infty}\frac{n!}{n^n}z^n$

3.5　次の関数を指定された点を中心としてテイラー展開せよ.
(1) $\dfrac{z}{z^2-1}$　$(z=i)$　(2) e^z　$(z=2)$
(3) $\sin z$　$(z=\pi/4)$　(4) $\cos z$　$(z=\pi i)$

3.6　e^z のマクローリン展開を利用して，次の等式を証明せよ.
(1) $e^{z_1+z_2}=e^{z_1}e^{z_2}$　(2) $(e^z)'=e^z$

3.7　次の関数を指定された領域でローラン展開せよ.
(1) $\dfrac{1}{z(z-1)}$
　(ⅰ) $0<|z|<1$　(ⅱ) $0<|z-1|<1$　(ⅲ) $1<|z|$
(2) $\dfrac{1}{z^2+2iz+3}$
　(ⅰ) $|z|<1$　(ⅱ) $1<|z|<3$　(ⅲ) $3<|z|$
(3) $\dfrac{z}{(z-1)(z-2)^2}$
　(ⅰ) $1<|z-1|$　(ⅱ) $0<|z-2|<1$　(ⅲ) $1<|z-2|$

3.8　関数 $f(z)=\dfrac{1}{(z-\alpha)(z-\beta)}$ $(0<|\alpha|<|\beta|)$ を，$z=0$ を中心としてローラン展開せよ.

3.9　関数 $f(z)=\dfrac{z}{e^z-1}$ は，$0<|z|<2\pi$ で正則で，$z=0$ は除去可能な特異点であることを示せ.
さらに，$f(z)=\displaystyle\sum_{n=0}^{\infty}\frac{B_n}{n!}z^n$ とおけば，

$$B_0 = 1, \quad B_1 = -1/2, \quad B_{2n+1} = 0 \quad (n \geq 1)$$

となることを示せ．ここで，B_n は**ベルヌーイ数** (Bernoulli number) とよばれるものである．

3.10 次の展開式を導け．

(1) $\cot z = \dfrac{1}{z} + \sum\limits_{n=1}^{\infty} (-1)^n \dfrac{2^{2n}}{(2n)!} B_{2n} z^{2n-1} \quad (|z| < \pi)$

(2) $\tan z = -\sum\limits_{n=1}^{\infty} (-1)^n \dfrac{2^{2n}(2^{2n}-1)}{(2n)!} B_{2n} z^{2n-1} \quad \left(|z| < \dfrac{\pi}{2}\right)$

3.11 次の関数の特異点における留数を求めよ．

(1) $\dfrac{z+i}{(z^2+4)^2}$ (2) $\dfrac{e^z}{\sin^2 z}$ (3) $\dfrac{\cos z}{z^3(z+4)}$ (4) $\dfrac{e^{ibz}}{z^4+a^4} \quad (a,b>0)$

3.12 留数定理により，次の積分の値を求めよ．

(1) $\displaystyle\int_C \dfrac{dz}{z^3-4z}, \quad C:|z-1|=2$ (2) $\displaystyle\int_C \dfrac{e^z}{(z-1)(z-2)^3} dz, \quad C:|z|=3$

(3) $\displaystyle\int_C z^2 e^{1/z} dz, \quad C:|z|=1$ (4) $\displaystyle\int_C z\cos\dfrac{1}{z} dz, \quad C:|z|=1$

(5) $\displaystyle\int_C \dfrac{\sin z}{z^3} dz, \quad C:|z|=1$ (6) $\displaystyle\int_C \dfrac{e^z}{\cos \pi z} dz, \quad C:|z|=1$

ただし，積分の向きは，反時計まわりとする．

3.13 公式 (3.24) を利用して，次の定積分を求めよ．

(1) $\displaystyle\int_0^{2\pi} \dfrac{d\theta}{a+b\cos\theta} \quad (a>b>0)$ (2) $\displaystyle\int_0^{2\pi} \dfrac{d\theta}{(a+b\cos\theta)^2} \quad (a>b>0)$

(3) $\displaystyle\int_0^{2\pi} \dfrac{d\theta}{1-2a\cos\theta+a^2} \quad (0<a<1)$ (4) $\displaystyle\int_0^{2\pi} \dfrac{d\theta}{a^2\sin^2\theta+b^2\cos^2\theta} \quad (a,b>0)$

3.14 公式 (3.25) あるいは公式 (3.26) を利用して，次の定積分を求めよ．

(1) $\displaystyle\int_{-\infty}^{\infty} \dfrac{x^4}{x^6+1} dx$ (2) $\displaystyle\int_0^{\infty} \dfrac{dx}{(x^2+a^2)(x^2+b^2)} \quad (a,b>0)$

(3) $\displaystyle\int_0^{\infty} \dfrac{dx}{x^4+a^4} \quad (a>0)$ (4) $\displaystyle\int_{-\infty}^{\infty} \dfrac{x^2}{(x^2+a^2)^3} dx \quad (a>0)$

3.15 公式 (3.28) あるいは公式 (3.29) を利用して，次の定積分を求めよ．

(1) $\displaystyle\int_{-\infty}^{\infty} \dfrac{x\sin bx}{x^2+a^2} dx \quad (a,b>0)$ (2) $\displaystyle\int_{-\infty}^{\infty} \dfrac{\cos bx}{x^4+a^4} dx \quad (a,b>0)$

(3) $\displaystyle\int_{-\infty}^{\infty} \dfrac{\cos bx}{(x^2+a^2)^2} dx \quad (a,b>0)$ (4) $\displaystyle\int_{-\infty}^{\infty} \dfrac{x^2 \cos bx}{x^4+a^4} dx \quad (a,b>0)$

第Ⅱ部
フーリエ解析・ラプラス変換

　フランスの科学者 J. Fourier (フーリエ) (1768〜1830 年) は，熱伝導に関する論文において，任意の関数は三角級数で表現可能であることを主張した．今日，フーリエ解析とよばれるようになったフーリエの理論は，近代解析学の発展をもたらすきっかけとなり，その応用分野は広範囲にわたっている．また，今日，ラプラス変換とよばれている積分変換は，1737 年にスイスの L. Euler(オイラー) が微分方程式の解法に利用したことがあるが，これとはまったく独立に，1812 年フランスの P. S. Laplace (ラプラス) が，確率の解析的理論という著名な大著のなかで，微分方程式や差分方程式の解法に適用した．彼のこの大著は，その後，多くの研究者に読まれたので，Laplace 変換の名称が残っている．ラプラス変換は応用数学の重要な一分野をなしており，とくに，電気，機械，自動制御などの分野において，広く利用されている．以下では，これらのフーリエ解析とラプラス変換の基礎的な部分について述べたあと，1 次元波動方程式 1 次元熱伝導方程式．2 次元ラプラス方程式の初期値・境界値問題への応用について考察する．

第4章 フーリエ解析

4.1 フーリエ級数

関数 $f(x)$ が任意の x に対して，

$$f(x+T) = f(x) \quad (T > 0) \tag{4.1}$$

を満たすとき，$f(x)$ を**周期** (period) T の**周期関数** (periodic function) という．

本節では，まず $T = 2\pi$ とおいて，周期 2π の関数 $f(x)$ を，

$$\begin{aligned}f(x) &= \frac{a_0}{2} + (a_1 \cos x + b_1 \sin x) + (a_2 \cos 2x + b_2 \sin 2x) + \cdots \\ &= \frac{a_0}{2} + \sum_{n=1}^{\infty} (a_n \cos nx + b_n \sin nx)\end{aligned} \tag{4.2}$$

の形に表すことについて考えてみよう．ここで，係数 a_n, b_n は，もちろん $f(x)$ から定まる定数である．

定数 a_n, b_n を $f(x)$ で表すためには，三角関数に関する次の性質が有用である．ここで，m, n は正の整数である．

$$\left.\begin{aligned}\int_{-\pi}^{\pi} \cos mx \cos nx \, dx &= \begin{cases} 0 & (m \neq n) \\ \pi & (m = n \neq 0) \\ 2\pi & (m = n = 0) \end{cases} \\ \int_{-\pi}^{\pi} \sin mx \sin nx \, dx &= \begin{cases} 0 & (m \neq n) \\ \pi & (m = n \neq 0) \\ 0 & (m = n = 0) \end{cases} \\ \int_{-\pi}^{\pi} \sin mx \cos nx \, dx &= 0 \end{aligned}\right\} \tag{4.3}$$

この性質を三角関数の**直交性** (orthogonality) という．

公式 (4.3) は，三角関数の加法定理より容易に示される．

問 4.1 公式 (4.3) が成立することを確かめよ．

さて，式 (4.2) の右辺の係数 a_n, b_n を決定するために，とりあえず，次のような形式的な計算が許されるものとする．すなわち，式 (4.2) の両辺に $\cos mx$ あるいは

$\sin mx$ を掛けて $-\pi$ から π まで項別に積分する．ここで，直交性の式 (4.3) より右辺の級数は，$n = m$ 以外の項はすべて 0 になることに注意すれば，

$$\int_{-\pi}^{\pi} f(x) \cos mx \, dx = \pi a_m, \qquad \int_{-\pi}^{\pi} f(x) \sin mx \, dx = \pi b_m$$

となる．このようにして，もし級数 (4.2) が**項別積分** (termwise integral) 可能であると仮定すれば，

$$\left.\begin{aligned} a_n &= \frac{1}{\pi} \int_{-\pi}^{\pi} f(x) \cos nx \, dx \quad (n = 0, 1, 2, \cdots) \\ b_n &= \frac{1}{\pi} \int_{-\pi}^{\pi} f(x) \sin nx \, dx \quad (n = 1, 2, 3, \cdots) \end{aligned}\right\} \tag{4.4}$$

という表現式が得られる．

この式から定まる係数 a_n, b_n を関数 $f(x)$ の**フーリエ係数** (Fourier coefficient) とよび，またこの式を**オイラーの公式** (Euler's formula) とよぶことがある．このフーリエ係数を用いた三角級数のことを $f(x)$ の**フーリエ級数** (Fourier series)，または**フーリエ展開** (Fourier expansion) とよび，

$$f(x) \sim \frac{a_0}{2} + \sum_{n=1}^{\infty} (a_n \cos nx + b_n \sin nx) \tag{4.5}$$

と書き表す．式 (4.5) で等号 "=" のかわりに記号 "$\sim$" を用いたのは，右辺の級数が左辺の関数に，単に形式的に対応していることを表すためである．

右辺の級数が収束して左辺の $f(x)$ と一致するかどうかについては現時点では不明であるが，このフーリエ級数 (4.5) の収束問題については 4.3 節で検討することにする．

ところで，フーリエ級数 (4.5) は，三角関数の加法定理より，

$$\begin{aligned} f(x) &\sim A_0 + \sum_{n=1}^{\infty} A_n \cos(nx - \alpha_n) \\ &\sim A_0 + \sum_{n=1}^{\infty} A_n \sin(nx + \beta_n) \end{aligned} \tag{4.6}$$

のように書き表すことができるので，フーリエ級数は一般の振動を単振動に分解したものと考えられる．ここで，

$$A_0 = \frac{a_0}{2}, \qquad A_n = \sqrt{a_n{}^2 + b_n{}^2}$$
$$\alpha_n = \cos^{-1} \frac{a_n}{\sqrt{a_n{}^2 + b_n{}^2}}, \qquad \beta_n = \cos^{-1} \frac{b_n}{\sqrt{a_n{}^2 + b_n{}^2}}$$

次に，種々のフーリエ級数について，形式的に考察してみよう．

まず最初に，式 (4.5) での積分区間 $(-\pi, \pi)$ は，$(0, 2\pi)$ でも，$(\pi/2, 5\pi/2)$ でも，

長さ 2π の区間であればよいことに注意しよう．なぜなら，周期 2π の関数 $g(x)$ に対して，α を任意の定数として，

$$\int_\alpha^{\alpha+2\pi} g(x)dx = \int_\alpha^{2\pi} g(x)dx + \int_{2\pi}^{\alpha+2\pi} g(x)dx$$

$$= \int_\alpha^{2\pi} g(x)dx + \int_0^\alpha g(x+2\pi)dx$$

$$= \int_\alpha^{2\pi} g(x)dx + \int_0^\alpha g(x)dx = \int_0^{2\pi} g(x)dx$$

となるからである．

問 4.2 一般に，周期 $2l$ の周期関数 $g(x)$ に対して，α を任意の定数として，

$$\int_{-l}^l g(x)dx = \int_\alpha^{\alpha+2l} g(x)dx$$

となることを示せ．

■ 偶関数と奇関数のフーリエ級数

まず，$f(x)$ が**偶関数** (even function)，すなわち $f(-x) = f(x)$ である場合，

$$\int_{-\pi}^\pi f(x)dx = 2\int_0^\pi f(x)dx \tag{4.7}$$

となり，$f(x)$ が**奇関数** (odd function)，すなわち $f(-x) = -f(x)$ である場合，

$$\int_{-\pi}^\pi f(x)dx = 0 \tag{4.8}$$

となることに注意しよう．

問 4.3 公式 (4.7), (4.8) を証明せよ．

周期 2π の関数 $f(x)$ が偶関数であれば，$f(x)\cos nx$ は偶関数で，$f(x)\sin nx$ は奇関数であるから，式 (4.4), (4.5) より，

$$\left. \begin{array}{ll} a_n = \dfrac{2}{\pi}\int_0^\pi f(x)\cos nx\,dx & (n=0,1,2,\cdots) \\ b_n = 0 & (n=1,2,3,\cdots) \end{array} \right\} \tag{4.9}$$

となり，そのフーリエ級数は，

$$f(x) \sim \frac{a_0}{2} + \sum_{n=1}^\infty a_n \cos nx \tag{4.10}$$

となる．これを**フーリエ余弦級数** (Fourier cosine series) という．

同様に，周期 2π の関数 $f(x)$ が奇関数であれば，

$$a_n = 0 \qquad (n = 0, 1, 2, \cdots) \\ b_n = \frac{2}{\pi} \int_0^\pi f(x) \sin nx \, dx \quad (n = 1, 2, 3, \cdots) \Biggr\} \tag{4.11}$$

となり，そのフーリエ級数は，

$$f(x) \sim \sum_{n=1}^\infty b_n \sin nx \tag{4.12}$$

となる．これを**フーリエ正弦級数** (Fourier sine series) という．

例 4.1 周期 2π の周期関数

$$f(x) = |\sin x| \quad (-\pi \leqq x \leqq \pi)$$

のフーリエ級数を求めよ．

【解】 偶関数であるから，式 (4.9) より，

$$a_1 = \frac{2}{\pi} \int_0^\pi \sin x \cos x \, dx = \frac{1}{\pi} \int_0^\pi \sin 2x \, dx = \frac{1}{\pi} \left[-\frac{\cos 2x}{2} \right]_0^\pi = 0$$

$$a_n = \frac{2}{\pi} \int_0^\pi \sin x \cos nx \, dx = \frac{1}{\pi} \int_0^\pi \{\sin(1+n)x + \sin(1-n)x\} dx$$

$$= \frac{1}{\pi} \left[-\frac{\cos(1+n)x}{1+n} - \frac{\cos(1-n)x}{1-n} \right]_0^\pi$$

$$= \frac{1}{\pi} \left\{ \frac{1+(-1)^n}{1+n} + \frac{1+(-1)^n}{1-n} \right\} = -\frac{2\{1+(-1)^n\}}{\pi(n^2-1)} \quad (n \neq 1)$$

$$b_n = 0$$

したがって，

$$f(x) \sim \frac{2}{\pi} - \frac{4}{\pi} \left(\frac{\cos 2x}{2^2 - 1} + \frac{\cos 4x}{4^2 - 1} + \frac{\cos 6x}{6^2 - 1} + \cdots \right)$$

ここで，$f(x)$ とそのフーリエ級数の第2項までの部分和 $S_2(x) = 2/\pi - (4/3\pi) \cos 2x$ のグラフを図示すると，図 4.1 のようになる．この図からフーリエ級数は，区間全体で $f(x)$ を平均的に近似していることがわかる．このことは，テイラー展開がある1点の近傍における $f(x)$ の近似であることと対照的である．

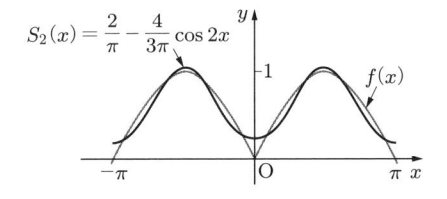

図 4.1 例 4.1 の $f(x)$ と部分和 $S_2(x)$ のグラフ

例 4.2 周期 2π の周期関数

$$f(x) = \begin{cases} -1 & (-\pi \leqq x < 0,\ x = \pi) \\ +1 & (0 \leqq x < \pi) \end{cases}$$

のフーリエ級数を求めよ．

【解】 奇関数であるから，式 (4.11) より，

$$b_n = \frac{2}{\pi}\int_0^\pi \sin nx\,dx = \frac{2}{\pi n}\Bigl[-\cos nx\Bigr]_0^\pi = \frac{2}{\pi n}\{1-(-1)^n\}$$

したがって，

$$f(x) \sim \frac{4}{\pi}\left(\frac{\sin x}{1}+\frac{\sin 3x}{3}+\cdots\right) = \frac{4}{\pi}\sum_{n=1}^\infty \frac{\sin(2n-1)x}{2n-1}$$

ここで，$f(x)$ とそのフーリエ級数の第 n 部分和

$$S_n(x) = \frac{4}{\pi}\sum_{k=1}^n \frac{\sin(2k-1)x}{2k-1}$$

を $n = 3, 5, 7$ に対して図示すると，図 4.2 のようになる．

この図より，全体として n を大きくすると収束していくようにみえるが，不連続点，$x = 0, \pm\pi, \cdots$ の近傍では収束が悪く，その点の関数値を約 18% 飛び越えるという不自然な振舞いをすることが知られている．この現象は，すべてのフーリエ級数の跳躍的な不連続点での収束についてみられ，**ギブスの現象** (Gibbs' phenomenon) とよばれている．

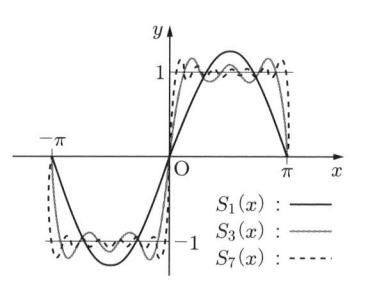

図 4.2 例 4.2 の $f(x)$ と部分和 $S_1(x)$, $S_3(x)$, $S_7(x)$ のグラフ

問 4.4 周期 2π の周期関数 $f(x) = |x|$ $(-\pi \leqq x \leqq \pi)$ のフーリエ級数は，次のようになることを示せ．

$$f(x) \sim \frac{\pi}{2} - \frac{4}{\pi}\left(\frac{\cos x}{1^2}+\frac{\cos 3x}{3^2}+\cdots\right)$$

問 4.5 周期 2π の周期関数

$$f(x) = \begin{cases} \dfrac{\pi-x}{2} & (0 \leqq x < 2\pi) \\ \dfrac{\pi}{2} & (x = 2\pi) \end{cases}$$

のフーリエ級数は，次のようになることを示せ．

$$f(x) \sim \sin x + \frac{\sin 2x}{2} + \frac{\sin 3x}{3} + \cdots$$

■ **一般の周期関数**

$f(x)$ を周期 $2l$ $(l > 0)$ の周期関数とする．このとき，$x = lt/\pi$ なる変数変換を行えば，$f(lt/\pi)$ は，変数 t の関数として，周期 2π の関数となる．したがって，$f(lt/\pi)$ のフーリエ級数を式 (4.4), (4.5) を用いて表した式を，変数 x を用いて書きなおせば，周期 $2l$ の周期関数のフーリエ級数は，次のようになることがわかる．

$$f(x) \sim \frac{a_0}{2} + \sum_{n=1}^{\infty} \left(a_n \cos \frac{n\pi x}{l} + b_n \sin \frac{n\pi x}{l} \right) \tag{4.13}$$

$$\left. \begin{array}{l} a_n = \dfrac{1}{l} \displaystyle\int_{-l}^{l} f(x) \cos \dfrac{n\pi x}{l} dx \quad (n = 0, 1, 2, \cdots) \\[2mm] b_n = \dfrac{1}{l} \displaystyle\int_{-l}^{l} f(x) \sin \dfrac{n\pi x}{l} dx \quad (n = 1, 2, 3, \cdots) \end{array} \right\} \tag{4.14}$$

問 4.6 周期 $2l$ の周期関数のフーリエ級数が，式 (4.13), (4.14) のようになることを確かめよ．

例 4.3 周期 1 の周期関数

$$f(x) = x^2 \quad (0 \leq x < 1)$$

のフーリエ級数を求めよ．

【解】 式 (4.14) において，$2l = 1$ すなわち $l = 1/2$ であるから，

$$a_0 = \frac{1}{1/2} \int_0^1 x^2 dx = \frac{2}{3}$$

$$a_n = \frac{1}{1/2} \int_0^1 x^2 \cos \frac{n\pi x}{1/2} dx = 2 \int_0^1 x^2 \cos 2n\pi x \, dx$$

$$= 2 \left[\frac{x^2 \sin 2n\pi x}{2n\pi} + \frac{2x \cos 2n\pi x}{(2n\pi)^2} - \frac{2 \sin 2n\pi x}{(2n\pi)^3} \right]_0^1 = \frac{1}{n^2 \pi^2}$$

$$b_n = \frac{1}{1/2} \int_0^1 x^2 \sin \frac{n\pi x}{1/2} dx = 2 \int_0^1 x^2 \sin 2n\pi x \, dx$$

$$= 2 \left[-\frac{x^2 \cos 2n\pi x}{2n\pi} + \frac{2x \sin 2n\pi x}{(2n\pi)^2} + \frac{2 \cos 2n\pi x}{(2n\pi)^3} \right]_0^1 = \frac{-1}{n\pi}$$

したがって，

$$f(x) \sim \frac{1}{3} + \frac{1}{\pi^2} \left(\cos 2\pi x + \frac{1}{2^2} \cos 4\pi x + \frac{1}{3^2} \cos 6\pi x + \cdots \right)$$

$$- \frac{1}{\pi} \left(\sin 2\pi x + \frac{1}{2} \sin 4\pi x + \frac{1}{3} \sin 6\pi x + \cdots \right)$$

問 4.7 周期 $2l$ $(l > 0)$ の周期関数 $f(x) = x$ $(-l < x < l)$ のフーリエ級数は，次のようになることを示せ．
$$f(x) \sim \frac{2l}{\pi} \sum_{n=1}^{\infty} (-1)^{n+1} \frac{1}{n} \left(\sin \frac{n\pi x}{l} \right)$$

■ 複素フーリエ級数

複素指数関数と三角関数を結びつけるオイラーの公式によれば，
$$\cos \frac{n\pi x}{l} = \frac{1}{2} \left(e^{i(n\pi/l)x} + e^{-i(n\pi/l)x} \right)$$
$$\sin \frac{n\pi x}{l} = \frac{1}{2i} \left(e^{i(n\pi/l)x} - e^{-i(n\pi/l)x} \right)$$

であるから，式 (4.13) は，
$$f(x) \sim \frac{a_0}{2} + \sum_{n=1}^{\infty} \left\{ \frac{1}{2}(a_n - ib_n)e^{i(n\pi/l)x} + \frac{1}{2}(a_n + ib_n)e^{-i(n\pi/l)x} \right\}$$

となる．ここで，負の添え字 $-n$ に対しても式 (4.14) で定義されるフーリエ係数を考えると，$a_{-n} = a_n$，$b_{-n} = -b_n$ であるから，
$$f(x) \sim \frac{a_0}{2} + \sum_{n=1}^{\infty} \frac{1}{2}(a_n - ib_n)e^{i(n\pi/l)x} + \sum_{n=-\infty}^{-1} \frac{1}{2}(a_{-n} - ib_{-n})e^{i(n\pi/l)x}$$

となる．ここで，
$$c_n = \frac{1}{2}(a_n - ib_n) \quad (n = 0, \pm 1, \pm 2, \cdots)$$

とおけば，周期 $2l$ の関数 $f(x)$ のフーリエ級数は，次のように表すこともできる．
$$f(x) \sim \sum_{n=-\infty}^{\infty} c_n e^{i(n\pi/l)x} \tag{4.15}$$

$$c_n = \frac{1}{2l} \int_{-l}^{l} f(x) e^{-i(n\pi/l)x} dx \tag{4.16}$$

式 (4.15) を**複素フーリエ級数** (complex Fourier series)，式 (4.16) を**複素フーリエ係数** (complex Fourier coefficient) という．

例 4.4 周期 $2l$ の周期関数
$$f(x) = x^3 \quad (-l < x < l)$$

の複素フーリエ級数を求めよ．

【解】 式 (4.16) より，
$$c_0 = \frac{1}{2l} \int_{-l}^{l} x^3 dx = 0$$

$$c_n = \frac{1}{2l} \int_{-l}^{l} x^3 e^{-i(n\pi/l)x} dx$$

$$= \frac{-i}{l} \int_0^l x^3 \sin\frac{n\pi}{l} x\, dx = il^3(-1)^n \left(\frac{1}{n\pi} - \frac{6}{(n\pi)^3}\right)$$

したがって,

$$f(x) \sim il^3 \sum_{\substack{n=-\infty \\ n\neq 0}}^{\infty} (-1)^n \left(\frac{1}{n\pi} - \frac{6}{(n\pi)^3}\right) e^{i(n\pi/l)x}$$

問 4.8 周期 2π の周期関数 $f(x) = e^{-x}$ $(-\pi < x \leqq \pi)$ の複素フーリエ級数を求めよ.

■ 半区間展開

実際の問題では,関数 $f(x)$ がある区間 $(0, l)$ で与えられることが多い.このとき,$f(x)$ の定義域を $-l < x < 0$ へ拡張して,さらに周期条件式 (4.1) を用いて全区間 $-\infty < x < \infty$ に拡張して得られる関数のフーリエ級数を,もとの関数 $f(x)$, $0 < x < l$ の **半区間展開** (half–range expansion) という.ここで,もちろん $-l < x < 0$ への拡張の仕方は任意であるが,その代表的な例は,偶関数あるいは奇関数としての拡張である.このとき,対応するフーリエ級数は,それぞれ,

$$\left. \begin{aligned} f(x) &\sim \frac{a_0}{2} + \sum_{n=1}^{\infty} a_n \cos\frac{n\pi x}{l} \\ a_n &= \frac{2}{l} \int_0^l f(x) \cos\frac{n\pi x}{l} dx \quad (n = 0, 1, 2, \cdots) \end{aligned} \right\} \quad (4.17)$$

$$\left. \begin{aligned} f(x) &\sim \sum_{n=1}^{\infty} b_n \sin\frac{n\pi x}{l} \\ b_n &= \frac{2}{l} \int_0^l f(x) \sin\frac{n\pi x}{l} dx \quad (n = 1, 2, 3, \cdots) \end{aligned} \right\} \quad (4.18)$$

となり,$f(x)$ の半区間展開は,$-l < x < 0$ への拡張の仕方によって,まったく異なる表現になることに注意しよう.

式 (4.17), (4.18) を,それぞれ $(0, l)$ で与えられる関数の (半区間) **フーリエ余弦級数**, (半区間) **フーリエ正弦級数** という.

例 4.5 関数

$$f(x) = \begin{cases} \dfrac{2kx}{l} & \left(0 < x < \dfrac{l}{2}\right) \\ \dfrac{2k(l-x)}{l} & \left(\dfrac{l}{2} < x < l\right) \end{cases}$$

の (半区間) フーリエ余弦級数と,(半区間) フーリエ正弦級数を求めよ.

【解】 偶関数として拡張すれば，式 (4.17) より，

$$\frac{a_0}{2} = \frac{1}{l}\left\{\frac{2k}{l}\int_0^{l/2} x\,dx + \frac{2k}{l}\int_{l/2}^l (l-x)\,dx\right\} = \frac{k}{2}$$

$$a_n = \frac{2}{l}\left\{\frac{2k}{l}\int_0^{l/2} x\cos\frac{n\pi}{l}x\,dx + \frac{2k}{l}\int_{l/2}^l (l-x)\cos\frac{n\pi}{l}x\,dx\right\}$$

となる．ここで，部分積分をすれば，

$$\int_0^{l/2} x\cos\frac{n\pi}{l}x\,dx = \left[\frac{lx}{n\pi}\sin\frac{n\pi}{l}x\right]_0^{l/2} - \frac{l}{n\pi}\int_0^{l/2}\sin\frac{n\pi}{l}x\,dx$$

$$= \frac{l^2}{2n\pi}\sin\frac{n\pi}{2} + \frac{l^2}{n^2\pi^2}\left(\cos\frac{n\pi}{2}-1\right)$$

となる．同様に，

$$\int_{l/2}^l (l-x)\cos\frac{n\pi}{l}x\,dx = -\frac{l^2}{2n\pi}\sin\frac{n\pi}{2} - \frac{l^2}{n^2\pi^2}\left(\cos n\pi - \cos\frac{n\pi}{2}\right)$$

となるので，

$$a_n = \frac{4k}{n^2\pi^2}\left(2\cos\frac{n\pi}{2} - \cos n\pi - 1\right)$$

$a_n = 0,\ n \neq 2,\ 6,\ 10,\ 14,\ \cdots$ であることに注意すれば，偶関数として拡張したときの (半区間) フーリエ余弦級数は，

$$f(x) \sim \frac{k}{2} - \frac{16k}{\pi^2}\left(\frac{1}{2^2}\cos\frac{2\pi}{l}x + \frac{1}{6^2}\cos\frac{6\pi}{l}x + \cdots\right)$$

となる．一方，奇関数として拡張すれば，式 (4.18) より，

$$b_n = \frac{8k}{n^2\pi^2}\sin\frac{n\pi}{2}$$

となるので，(半区間) フーリエ正弦級数

$$f(x) \sim \frac{8k}{\pi^2}\left(\frac{1}{1^2}\sin\frac{\pi}{l}x - \frac{1}{3^2}\sin\frac{3\pi}{l}x + \frac{1}{5^2}\sin\frac{5\pi}{l}x - \cdots\right)$$

が得られる．このように，拡張の仕方によってまったく異なる表現になる．

問 4.9 関数 $f(x) = 1\ \ (0 < x < 2)$ の (半区間) フーリエ余弦級数と，(半区間) フーリエ正弦級数を求めよ．

4.2 三角多項式近似

以下では，便宜上，関数 $f(x)$ は区間 $(-\pi, \pi)$ で**区分的に連続** (piecewise continuous) であると仮定して，フーリエ級数の性質を調べてみよう．このとき，式 (4.4) の積分の存在が保証されるから，フーリエ係数，フーリエ級数を考えることができる．

ここで，閉区間 $[a, b]$ で定義された関数 $f(x)$ がたかだか有限個の点 $x_1, x_2, \cdots, x_n$ を除いて連続であり，各不連続点 x_i で，

$$f(x_i - 0) = \lim_{x \to x_i - 0} f(x)$$
$$f(x_i + 0) = \lim_{x \to x_i + 0} f(x)$$

が存在し，さらに，

$$f(a + 0) = \lim_{x \to a+0} f(x)$$
$$f(b - 0) = \lim_{x \to b-0} f(x)$$

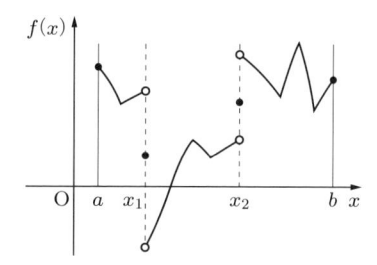

図 4.3 区分的に連続な関数

が存在するとき，$f(x)$ は区間 $[a, b]$ で区分的に連続であるという（図 4.3 参照）．

さて，フーリエ級数の意味づけの 1 つとして，区間 $(-\pi, \pi)$ で定義された関数 $f(x)$ を，**三角多項式** (trigonometrical polynomial)

$$T_n(x) = \frac{\alpha_0}{2} + \sum_{k=1}^{n}(\alpha_k \cos kx + \beta_k \sin kx), \quad \alpha_k{}^2 + \beta_k{}^2 \neq 0 \quad (4.19)$$

で近似することを考えてみよう．このとき，**最小二乗** (least square) 法の意味での最良近似，すなわち二乗平均誤差

$$E_n = \frac{1}{2\pi}\int_{-\pi}^{\pi}\{f(x) - T_n(x)\}^2 dx \quad (4.20)$$

が最小になるように係数 α_k, β_k を決定してみよう．

式 (4.19) を式 (4.20) に代入し，直交性の式 (4.2) に注意して各項ごとに積分すると，

$$E_n = \frac{1}{2\pi}\int_{-\pi}^{\pi}\{f(x)\}^2 dx + \frac{\alpha_0{}^2}{4} + \frac{1}{2}\sum_{k=1}^{n}(\alpha_k{}^2 + \beta_k{}^2) - \frac{\alpha_0 a_0}{2} - \sum_{k=1}^{n}(\alpha_k a_k + \beta_k b_k)$$

となる．ここで，a_k, b_k は，$f(x)$ のフーリエ係数である．この式をさらに，

$$\begin{aligned}E_n &= \frac{1}{2\pi}\int_{-\pi}^{\pi}\{f(x)\}^2 dx - \frac{a_0{}^2}{4} - \frac{1}{2}\sum_{k=1}^{n}(a_k{}^2 + b_k{}^2) + \frac{(\alpha_0 - a_0)^2}{4} \\ &\quad + \frac{1}{2}\sum_{k=1}^{n}\{(\alpha_k - a_k)^2 + (\beta_k - b_k)^2\}\end{aligned} \quad (4.21)$$

と変形すれば，$\alpha_k = a_k$, $\beta_k = b_k$ のとき E_n は最小になる．

したがって，フーリエ級数の有限部分和は，同じ次数の三角多項式のうちで，二乗平均誤差を最小にするという意味で $f(x)$ の最も良い近似を与えることがわかる．

式 (4.21) において，$\alpha_k = a_k$, $\beta_k = b_k$ とおけば，E_n の最小値

$$\min E_n = \frac{1}{2\pi}\int_{-\pi}^{\pi}\{f(x)\}^2 dx - \frac{a_0{}^2}{4} - \frac{1}{2}\sum_{k=1}^{n}(a_k{}^2 + b_k{}^2) \quad (4.22)$$

が得られ，$E_n \geq 0$ であることを考慮すれば，次の不等式が導かれる．

$$\frac{a_0^2}{2} + \sum_{k=1}^{n}(a_k^2 + b_k^2) \leq \frac{1}{\pi}\int_{-\pi}^{\pi}\{f(x)\}^2 dx$$

これは，任意の n に対して成立するので，結局，

$$\frac{a_0^2}{2} + \sum_{k=1}^{\infty}(a_k^2 + b_k^2) \leq \frac{1}{\pi}\int_{-\pi}^{\pi}\{f(x)\}^2 dx \tag{4.23}$$

が得られる．これを**ベッセルの不等式** (Bessel's inequality) という．式 (4.23) は，実は不等号でなく等号で成立することが，あとで示される．

問 4.10 式 (4.20) の E_n が式 (4.21) のように変形されることを実際に確かめよ．

問 4.11 式 (4.20) の二乗平均誤差 E_n が最小となる条件

$$\frac{\partial E_n}{\partial \alpha_k} = 0 \quad (k = 0, 1, \cdots, n)$$

$$\frac{\partial E_n}{\partial \beta_k} = 0 \quad (k = 1, 2, \cdots, n)$$

から係数 α_k, β_k を決定して，それがフーリエ係数に一致することを示せ．

ベッセルの不等式より，フーリエ級数の収束の議論の基礎となる，次の**リーマン・ルベーグの定理** (Riemann–Lebesgue theorem) が，ただちに導かれる．

補題 4.1　リーマン・ルベーグの定理

$f(x)$ が区間 $(-\pi, \pi)$ で区分的に連続であれば，任意の a, b に対して，

$$\lim_{n \to \infty}\int_a^b f(x)\cos nx\,dx = 0, \quad \lim_{n \to \infty}\int_a^b f(x)\sin nx\,dx = 0 \tag{4.24}$$

が成立する．

（証明）　$-\pi \leq a < b \leq \pi$ の場合，周期 2π の関数 $f_1(x)$ を，

$$f_1(x) = \begin{cases} f(x) & (a \leq x \leq b) \\ 0 & (-\pi \leq x < a,\ b < x \leq \pi) \end{cases}$$

と定義すれば，$f_1(x)$ は明らかに $(-\pi, \pi)$ で区分的に連続である．したがって，$f_1(x)$ のフーリエ係数を a'_n, b'_n とすれば，ベッセルの不等式より，

$$\frac{{a'_0}^2}{2} + \sum_{n=1}^{\infty}({a'_n}^2 + {a'_n}^2)$$

は収束するので，

$$\lim_{n \to \infty}a'_n = \lim_{n \to \infty}b'_n = 0$$

となる．ここで，
$$a'_n = \frac{1}{\pi}\int_{-\pi}^{\pi} f_1(x)\cos nx\, dx = \frac{1}{\pi}\int_{a}^{b} f(x)\cos nx\, dx$$
$$b'_n = \frac{1}{\pi}\int_{-\pi}^{\pi} f_1(x)\sin nx\, dx = \frac{1}{\pi}\int_{a}^{b} f(x)\sin nx\, dx$$
であるから，$-\pi \leqq a < b \leqq \pi$ の場合，定理は示された．

$b-a$ が 2π より大きいときは，適当な自然数 m をとり，
$$\int_a^b = \int_a^{a+2\pi} + \int_{a+2\pi}^{a+4\pi} + \cdots + \int_{a+2m\pi}^b$$
と考えればよい． ◀

問 4.12 $f(x)$ が $(-\pi, \pi)$ で区分的に連続であれば，
$$\lim_{n\to\infty}\int_a^b f(x)e^{inx}dx = 0$$
であることを示せ．

4.3 フーリエ級数の収束性

本節では，$f(x)$ と $f'(x)$ が区分的に連続であるという，数理物理学における応用のうえで，十分一般的な仮定のもとで，フーリエ級数の収束性について考察する．

まず，$f(x)$ のフーリエ級数の第 n 部分和を簡潔に表すために，次の補題を導入する．

補題 4.2 ディリクレ核

$$D_n(t) = \frac{1}{2} + \sum_{k=1}^{n}\cos kt = \frac{\sin\left(n+\frac{1}{2}\right)t}{2\sin\left(\frac{t}{2}\right)} \tag{4.25}$$

ここで，$D_n(t)$ は**ディリクレ核** (Dirichlet's kernel) とよばれ，周期 2π の連続な偶関数である．

(証明)
$$2\sin\left(\frac{t}{2}\right)\sum_{k=1}^{n}\cos kt = \sum_{k=1}^{n}\left\{\sin\left(k+\frac{1}{2}\right)t - \sin\left(k-\frac{1}{2}\right)t\right\}$$
$$= \sin\left(n+\frac{1}{2}\right)t - \sin\left(\frac{t}{2}\right)$$

となるので，
$$D_n(t) = \frac{1}{2} + \sum_{k=1}^{n}\cos kt = \frac{\sin\left(n+\frac{1}{2}\right)t}{2\sin\left(\frac{t}{2}\right)}$$
◀

さらに，上式の両辺を直接 $[-\pi, \pi]$ で積分すれば，次の積分公式が得られる．

> **系 4.1**
> $$\frac{1}{\pi}\int_{-\pi}^{\pi} D_n(t)dt = \frac{2}{\pi}\int_{0}^{\pi} D_n(t)dt = 1 \quad (n=1,2,\cdots) \tag{4.26}$$

問 4.13 次の公式を証明せよ.

(1) $\displaystyle F_n(t) = \frac{1}{n+1}\sum_{k=0}^{n} D_k(t) = \frac{1-\cos(n+1)t}{4(n+1)\sin^2\left(\dfrac{t}{2}\right)}$

$\displaystyle \qquad\qquad = \frac{1}{2(n+1)}\left\{\frac{\sin\left((n+1)\dfrac{t}{2}\right)}{\sin\left(\dfrac{t}{2}\right)}\right\}^2$

(2) $\displaystyle \frac{1}{\pi}\int_{-\pi}^{\pi} F_n(t)dt = 1$

ここで, $F_n(t)$ は**フエィエール核** (Fejer's kernel) である.

補題 4.2 のディリクレ核を用いれば, $f(x)$ のフーリエ級数の第 n 部分和

$$S_n(x) = \frac{a_0}{2} + \sum_{k=1}^{n}(a_k\cos kx + b_k\sin kx) \tag{4.27}$$

の公式を導くことができる.

> **補題 4.3 フーリエ級数の部分和**
>
> $f(x)$ のフーリエ級数の第 n 部分和 $S_n(x)$ は,
> $$S_n(x) = \frac{1}{\pi}\int_{-\pi}^{\pi} f(t)D_n(t-x)dt = \frac{1}{\pi}\int_{-\pi}^{\pi} f(t+x)D_n(t)dt \tag{4.28}$$
> と表される. ここで, $D_n(t)$ はディリクレ核である.

(証明) $\displaystyle S_n(x) = \frac{1}{\pi}\int_{-\pi}^{\pi}\left\{\frac{1}{2} + \sum_{k=1}^{n}(\cos kt\cos kx + \sin kt\sin kx)\right\}f(t)dt$

$\displaystyle \qquad\qquad = \frac{1}{\pi}\int_{-\pi}^{\pi}\left\{\frac{1}{2} + \sum_{k=1}^{n}\cos k(t-x)\right\}f(t)dt$

$\displaystyle \qquad\qquad = \frac{1}{\pi}\int_{-\pi}^{\pi} f(t)D_n(t-x)dt = \frac{1}{\pi}\int_{-\pi}^{\pi} f(t+x)D_n(t)dt \qquad \blacktriangleleft$

問 4.14 フーリエ級数の部分和 $S_n(x)$ の相加平均を,

$$\sigma_n(x) = \frac{1}{n+1}\{S_0(x) + S_1(x) + \cdots + S_n(x)\}$$

とすれば,

$$\sigma_n(x) = \frac{1}{\pi} \int_{-\pi}^{\pi} f(x+t) F_n(t) dt$$

となることを示せ．ここで，$F_n(t)$ はフェイエール核である．

さて，以上の準備のもとで，フーリエ級数の各点収束に関する次の定理を導くことができる．

定理 4.1 フーリエ級数の各点収束

関数 $f(x)$ は周期 2π の関数で，$[-\pi, \pi]$ で $f(x)$ と $f'(x)$ が区分的に連続[†] すなわち $f(x)$ が区分的に滑らかであるとする．このとき，$f(x)$ のフーリエ級数は，

(1) $f(x)$ の連続点では $f(x)$ に収束し，

(2) $f(x)$ の不連続点では $f(x)$ の左右の極限値の平均

$$\frac{1}{2}\{f(x-0) + f(x+0)\}$$

に収束する．

(証明) $\displaystyle\lim_{n\to\infty} \left[S_n(x) - \frac{1}{2}\{f(x-0) + f(x+0)\} \right] = 0$

を示せばよい．補題 4.3 より，

$$S_n(x) = \frac{1}{\pi} \int_{-\pi}^{0} f(t+x) D_n(t) dt + \frac{1}{\pi} \int_{0}^{\pi} f(t+x) D_n(t) dt$$

で，補題 4.2 の系より，

$$\frac{1}{2}\{f(x-0) + f(x+0)\} = \frac{1}{\pi}\int_{-\pi}^{0} f(x-0) D_n(t) dt + \frac{1}{\pi}\int_{0}^{\pi} f(x+0) D_n(t) dt$$

であるから，

$$S_n(x) - \frac{1}{2}\{f(x-0) + f(x+0)\} = \frac{1}{\pi}\int_{-\pi}^{0} \frac{f(t+x) - f(x-0)}{2\sin\left(\frac{t}{2}\right)} \sin\left(n + \frac{1}{2}\right) t\, dt$$

$$+ \frac{1}{\pi}\int_{0}^{\pi} \frac{f(t+x) - f(x+0)}{2\sin\left(\frac{t}{2}\right)} \sin\left(n + \frac{1}{2}\right) t\, dt$$

ここで，$f(x)$ は区分的に連続であるから，

$$\frac{f(t+x) - f(x+0)}{2\sin\left(\frac{t}{2}\right)}$$

は，任意の $\varepsilon > 0$ に対して $\varepsilon \leq t \leq \pi$ で区分的に連続である．また，$f'(x)$ が区分的に連続であることより，

[†] $f(x)$ と $f'(x)$ が区間 $[a, b]$ において区分的に連続であるとき，$f(x)$ は $[a, b]$ で**区分的に滑らか** (piecewise smooth) であるという．

$$\lim_{t \to +0} \frac{f(t+x) - f(x+0)}{2\sin\left(\frac{t}{2}\right)} = \lim_{t \to +0} \left\{ \frac{f(t+x) - f(x+0)}{t} \cdot \frac{t}{2\sin\left(\frac{t}{2}\right)} \right\}$$

$$= \lim_{t \to +0} \frac{f(t+x) - f(x+0)}{t} = f'(x+0)$$

が存在する.

したがって，$\{f(t+x) - f(x+0)\}/2\sin(t/2)$ は，$0 \leq t \leq \pi$ で区分的に連続となるので，リーマン・ルベーグの定理より，

$$\lim_{n \to \infty} \int_0^{\pi} \{f(t+x) - f(x+0)\} D_n(t) dt = 0$$

となる．同様に，

$$\lim_{n \to \infty} \int_{\pi}^{0} \{f(t+x) - f(x-0)\} D_n(t) dt = 0$$

となるので，結局，

$$\lim_{n \to \infty} S_n(x) = \frac{1}{2} \{f(x-0) + f(x+0)\}$$

が示された． ◀

　定理 4.1 の区分的に滑らかという条件は，応用上十分に一般的であることや，証明の煩雑さを避けるためなどの理由で選ばれたもので，単に十分条件の 1 つにすぎないことに注意しよう.

例 4.6 例 4.3 の $f(x)$ は定理 4.1 の条件を満たしているので，

$$\frac{1}{3} + \frac{1}{\pi^2} \left(\cos 2\pi x + \frac{1}{2^2} \cos 4\pi x + \frac{1}{3^2} \cos 6\pi x + \cdots \right)$$

$$- \frac{1}{\pi} \left(\sin 2\pi x + \frac{1}{2} \sin 4\pi x + \frac{1}{3} \sin 6\pi x + \cdots \right)$$

$$= \begin{cases} f(x) & (x : \text{連続点}) \\ \frac{1}{2}\{f(x-0) + f(x+0)\} & (x : \text{不連続点}) \end{cases}$$

が成立する．この式で，たとえば $x = 0$ とおき，$f(x)$ が $x = 0$ の点で不連続であることを考慮すれば，

$$\frac{1}{3} + \frac{1}{\pi^2} \left(1 + \frac{1}{2^2} + \frac{1}{3^2} + \cdots \right) = \frac{1}{2}(0+1)$$

となるので，

$$\sum_{n=1}^{\infty} \frac{1}{n^2} = \frac{\pi^2}{6}$$

が導かれる．このようにフーリエ級数を用いて，いろいろな無限級数の和を求めることができる．

問 4.15 例 4.2 を用いて，次式を導け．
$$\frac{\pi}{4} = 1 - \frac{1}{3} + \frac{1}{5} - \frac{1}{7} + \cdots$$

定理 4.1 の証明を詳しく吟味すれば，フーリエ級数は不連続点を含まないような任意の閉区間で一様収束することが示されるが，ここでは簡単のため，次のようなより強い条件のもとでのフーリエ級数の一様収束を，ベッセルの不等式に基づいて示しておく．

ここで，フーリエ級数が区間 $[a, b]$ で $f(x)$ に**一様収束** (uniform convergence) するとは，任意の $\varepsilon > 0$ に対して自然数 N が存在して，区間のすべての点 x で，
$$n > N \quad \Rightarrow \quad |S_n(x) - f(x)| < \varepsilon$$
となることである．自然数 N は正の数 ε に依存するが，x には依存しないことが普通の収束とは異なることに注意しよう．

定理 4.2 フーリエ級数の一様収束

周期 2π の関数 $f(x)$ が $[-\pi, \pi]$ で区分的に滑らかで，しかも連続であるとする．このとき，フーリエ級数は一様 (かつ絶対) 収束する．

（**証明**） $f'(x)$ が区分的に連続であるから，そのフーリエ係数を a_n', b_n' とすれば，部分積分により，
$$a_n' = \frac{1}{\pi} \int_{-\pi}^{\pi} f'(x) \cos nx \, dx$$
$$= \frac{1}{\pi} \Big[f(x) \cos nx \Big]_{-\pi}^{\pi} + \frac{n}{\pi} \int_{-\pi}^{\pi} f(x) \sin nx \, dx = n b_n$$
$$b_n' = \frac{1}{\pi} \int_{-\pi}^{\pi} f'(x) \sin nx \, dx$$
$$= \frac{1}{\pi} \Big[f(x) \sin nx \Big]_{-\pi}^{\pi} - \frac{n}{\pi} \int_{-\pi}^{\pi} f(x) \cos nx \, dx = -n a_n$$
となる．ここで，$f'(x)$ にベッセルの不等式を用いると，
$$\sum_{n=1}^{\infty} (a_n'^2 + b_n'^2) \leq \frac{1}{\pi} \int_{-\pi}^{\pi} \{f'(x)\}^2 dx < \infty$$
であるから，
$$\sum_{n=1}^{\infty} n^2 (a_n^2 + b_n^2) < \infty$$
となる．したがって，**コーシー・シュワルツの不等式** (Cauchy-Schwarz inequality) より，

$$\left|\sum_{n=1}^{\infty}(a_n\cos nx+b_n\sin nx)\right|^2 \leq \left\{\sum_{n=1}^{\infty}(|a_n|+|b_n|)n\frac{1}{n}\right\}^2$$

$$\leq \sum_{n=1}^{\infty}n^2(|a_n|+|b_n|)^2\cdot\sum_{n=1}^{\infty}\frac{1}{n^2}$$

$$\leq 2\sum_{n=1}^{\infty}n^2(a_n{}^2+b_n{}^2)\cdot\frac{\pi^2}{6}<\infty$$

と評価され，左辺の級数が一様 (かつ絶対) 収束することが示された．

問 4.16 n 次元ベクトル $\boldsymbol{a}=(a_1,\cdots,a_n)$, $\boldsymbol{b}=(b_1,\cdots,b_n)$ に対して，

$$\|(\boldsymbol{a},\boldsymbol{b})\|^2\leq\|\boldsymbol{a}\|^2\cdot\|\boldsymbol{b}\|^2\quad\text{すなわち}\quad\left(\sum_{i=1}^n a_ib_i\right)^2\leq\left(\sum_{i=1}^n a_i{}^2\right)\left(\sum_{i=1}^n b_i{}^2\right)$$

が成立することを示せ．この不等式を**コーシー・シュワルツの不等式**という．

問 4.17 補題 4.3 と定理 4.2 の応用として，定積分の公式

$$\int_0^\infty \frac{\sin x}{x}dx=\frac{\pi}{2}$$

を，$f(x)=\dfrac{\sin\left(\dfrac{x}{2}\right)}{\dfrac{x}{2}}$, $f(0)=1$ のフーリエ級数の部分和 $S_n(0)$ が収束することにより証明せよ．

4.4 フーリエ級数の項別積分と項別微分

フーリエ級数の**項別積分** (termwise integral) は，次の定理に示されるように，かなり緩い条件のもとで可能である．

定理 4.3 フーリエ級数の項別積分

周期 2π の関数 $f(x)$ が $[-\pi,\pi]$ で区分的に連続であれば，$f(x)$ のフーリエ級数は，収束するかどうかにかかわらず，$[\alpha,x]$ ($-\pi\leq\alpha$, $x\leq\pi$) で項別積分ができる．すなわち，$f(x)$ のフーリエ級数を，

$$f(x)\sim\frac{a_0}{2}+\sum_{n=1}^{\infty}(a_n\cos nx+b_n\sin nx)$$

とすれば，

$$\int_\alpha^x f(t)dt=\frac{a_0}{2}(x-\alpha)-\sum_{n=1}^{\infty}\frac{1}{n}(a_n\sin n\alpha-b_n\cos n\alpha)$$

$$+\sum_{n=1}^{\infty}\frac{1}{n}(a_n\sin nx-b_n\cos nx) \tag{4.29}$$

4.4 フーリエ級数の項別積分と項別微分　83

（証明） $F(x) = \int_0^x \left\{f(t) - \dfrac{a_0}{2}\right\} dt = \int_0^x f(t)dt - \dfrac{a_0}{2}x$

とおけば，関数 $F(x)$ は不定積分であるから連続である．また，$F(x)$ の周期性は，

$$F(\pi) - F(-\pi) = \int_0^\pi \left\{f(t) - \dfrac{a_0}{2}\right\} dt - \int_0^{-\pi} \left\{f(t) - \dfrac{a_0}{2}\right\} dt$$

$$= \int_{-\pi}^\pi \left\{f(t) - \dfrac{a_0}{2}\right\} dt = \int_{-\pi}^\pi f(t)dt - a_0\pi = 0$$

よりわかる．さらに，$F'(x)$ が $f(x)$ の不連続点を除いて，

$$F'(x) = f(x) - \dfrac{a_0}{2}$$

となることより，$F'(x)$ は区分的に連続である．

したがって，$F(x)$ はフーリエ級数に展開できる．いま，

$$F(x) = \dfrac{A_0}{2} + \sum_{n=1}^\infty (A_n \cos nx + B_n \sin nx)$$

とおけば，

$$A_n = \dfrac{1}{\pi} \int_{-\pi}^\pi F(x) \cos nx \, dx$$

$$= \dfrac{1}{\pi} \left[F(x)\dfrac{\sin nx}{n}\right]_{-\pi}^\pi - \dfrac{1}{\pi n} \int_{-\pi}^\pi \left\{f(x) - \dfrac{a_0}{2}\right\} \sin nx \, dx = -\dfrac{b_n}{n}$$

$$B_n = -\dfrac{1}{\pi} \left[F(x)\dfrac{\cos nx}{n}\right]_{-\pi}^\pi + \dfrac{1}{\pi n} \int_{-\pi}^\pi \left\{f(x) - \dfrac{a_0}{2}\right\} \cos nx \, dx = \dfrac{a_n}{n}$$

となるので，

$$F(x) = \dfrac{A_0}{2} + \sum_{n=1}^\infty \dfrac{1}{n}(a_n \sin nx - b_n \cos nx)$$

すなわち，

$$\int_0^x f(t)dt = \dfrac{a_0}{2}x + \dfrac{A_0}{2} + \sum_{n=1}^\infty \dfrac{1}{n}(a_n \sin nx - b_n \cos nx)$$

となる．ここで，$x = \alpha$ とおいた式を上式から辺々引けば，

$$\int_\alpha^x f(t)dt = \dfrac{a_0}{2}(x-\alpha) - \sum_{n=1}^\infty \dfrac{1}{n}(a_n \sin n\alpha - b_n \cos n\alpha) + \sum_{n=1}^\infty \dfrac{1}{n}(a_n \sin nx - b_n \cos nx)$$

となり，右辺は $f(x)$ のフーリエ級数を項別積分したものである． ◀

例 4.7 問 4.7 の結果より，

$$x \sim 2 \sum_{n=1}^\infty (-1)^{n+1} \dfrac{\sin nx}{n} \quad (-\pi < x < \pi)$$

であるから，この式を $-\pi$ から x まで項別積分すると，

$$\dfrac{x^2}{2} - \dfrac{\pi^2}{2} = 2 \sum_{n=1}^\infty (-1)^n \dfrac{\cos nx}{n^2} - 2 \sum_{n=1}^\infty \dfrac{1}{n^2}$$

となる．ここで，例 4.6 より $\sum_{n=1}^{\infty}(1/n^2) = \pi^2/6$ であるから，

$$x^2 = \frac{\pi^2}{3} + 4\sum_{n=1}^{\infty}(-1)^n \frac{\cos nx}{n^2}$$

となり，周期 2π の周期関数 $f(x) = x^2$ $(-\pi < x < \pi)$ のフーリエ級数が得られる．

問 4.18 問 4.5 の結果を利用して，次の公式を導け．

(1) $\sum_{n=1}^{\infty} \dfrac{\cos nx}{n^2} = \dfrac{3x^2 - 6\pi x + 2\pi^2}{12}$ $(0 \leq x \leq 2\pi)$

(2) $\sum_{n=1}^{\infty} \dfrac{\sin nx}{n^3} = \dfrac{x^3 - 3\pi x^2 + 2\pi^2 x}{12}$ $(0 \leq x \leq 2\pi)$

フーリエ級数の項別積分に関連して，ベッセルの不等式の改良版とみなされる，次のパーセバルの等式 (Perseval's equation) が導かれる．

定理 4.4　パーセバルの等式

周期 2π の関数 $f(x)$ が $[-\pi, \pi]$ で区分的に滑らかで，しかも連続であるとする．このとき，$f(x)$ のフーリエ係数を a_n, b_n とすれば，次のパーセバルの等式が成立する．

$$\frac{1}{\pi}\int_{-\pi}^{\pi}\{f(x)\}^2 dx = \frac{a_0{}^2}{2} + \sum_{n=1}^{\infty}(a_n{}^2 + b_n{}^2) \tag{4.30}$$

（証明）　定理 4.2 より，$f(x)$ のフーリエ級数は一様に収束するから，各項に $f(x)$ を掛けても一様収束する．したがって，項別積分できるので，

$$\frac{1}{\pi}\int_{-\pi}^{\pi}\{f(x)\}^2 dx = \frac{a_0}{2\pi}\int_{-\pi}^{\pi}f(x)dx + \sum_{n=1}^{\infty}\left\{\frac{a_n}{\pi}\int_{-\pi}^{\pi}f(x)\cos nx\,dx + \frac{b_n}{\pi}\int_{-\pi}^{\pi}f(x)\sin nx\,dx\right\}$$

$$= \frac{a_0{}^2}{2} + \sum_{n=1}^{\infty}(a_n{}^2 + b_n{}^2) \qquad \blacktriangleleft$$

パーセバルの等式は，実は，区分的に滑らかな連続関数という条件がなくても，式 (4.30) の左辺の積分が存在すれば成立するが，ここではこれ以上触れないことにする．

例 4.8　例 4.1 より，

$$|\sin x| \sim \frac{1}{2}\cdot\frac{4}{\pi} - \frac{4}{\pi}\left(\frac{\cos 2x}{2^2-1} + \frac{\cos 4x}{4^2-1} + \frac{\cos 6x}{6^2-1} + \cdots\right)$$

であるから，パーセバルの等式より，

$$\frac{1}{\pi}\int_{-\pi}^{\pi}|\sin x|^2 dx = \frac{8}{\pi^2} + \frac{16}{\pi^2}\sum_{n=1}^{\infty}\frac{1}{(4n^2-1)^2}$$

$$1 = \frac{8}{\pi^2} + \frac{16}{\pi^2}\sum_{n=1}^{\infty}\frac{1}{(2n-1)^2(2n+1)^2}$$

となり，

$$\frac{1}{1^2\cdot 3^2} + \frac{1}{3^2\cdot 5^2} + \frac{1}{5^2\cdot 7^2} + \cdots = \frac{\pi^2 - 8}{16}$$

が導かれる．

問 4.19 問 4.7 の結果とパーセバルの等式より，次の公式を導け．

$$\sum_{n=1}^{\infty}\left(\frac{1}{n^2}\right) = \frac{\pi^2}{6}$$

フーリエ級数の**項別微分** (termwise differentiation) は，項別積分の場合よりも，より強い条件が必要になるが，ここでは 1 つの十分条件を与えておく．

定理 4.5 フーリエ級数の項別微分

周期 2π の関数 $f(x)$ が区間 $[-\pi,\ \pi]$ で連続で，しかも $f'(x)$ が区分的に滑らかであれば，$f(x)$ のフーリエ級数は項別微分できる．すなわち，$f(x)$ のフーリエ級数を，

$$f(x) = \frac{a_0}{2} + \sum_{n=1}^{\infty}(a_n \cos nx + b_n \sin nx)$$

とすれば，

$$f'(x) = \sum_{n=1}^{\infty} n(-a_n \sin nx + b_n \cos nx) \tag{4.31}$$

が成立する．ただし，$f'(x)$ の不連続点での関数値は，

$$f'(x) = \frac{1}{2}\{f'(x-0) + f'(x+0)\}$$

と再定義しているものとする．

(証明) $f'(x)$ が区分的に滑らかであるから，$f'(x)$ はフーリエ級数に展開できる．したがって，

$$f'(x) = \frac{a'_0}{2} + \sum_{n=1}^{\infty}(a'_n \cos nx + b'_n \sin nx)$$

とおけば，そのフーリエ係数は，

$$a'_0 = \frac{1}{\pi}\int_{-\pi}^{\pi} f'(x)dx = \frac{1}{\pi}\{f(\pi) - f(-\pi)\} = 0$$

$$a'_n = \frac{1}{\pi}\int_{-\pi}^{\pi} f'(x)\cos nx\, dx = \frac{1}{\pi}\Big[f(x)\cos nx\Big]_{-\pi}^{\pi} + \frac{n}{\pi}\int_{-\pi}^{\pi} f(x)\sin nx\, dx = nb_n$$

$$b'_n = \frac{1}{\pi}\int_{-\pi}^{\pi} f'(x)\sin nx\, dx = \frac{1}{\pi}\Big[f(x)\sin nx\Big]_{-\pi}^{\pi} - \frac{n}{\pi}\int_{-\pi}^{\pi} f(x)\cos nx\, dx = -na_n$$

◀

例 4.9 問 4.4 の周期 2π の関数 $f(x) = |x|$ $(-\pi \leq x \leq \pi)$ は，定理 4.5 の条件を満たし，そのフーリエ級数は，

$$f(x) = \frac{\pi}{2} - \frac{4}{\pi}\left(\frac{\cos x}{1^2} + \frac{\cos 3x}{3^2} + \cdots\right)$$

であるから，この式を項別微分すると，

$$f'(x) = \frac{4}{\pi}\left(\frac{\sin x}{1} + \frac{\sin 3x}{3} + \cdots\right)$$

となり，例 4.2 の結果が得られる．

問 4.20 問 4.7 の結果を利用して，関数 $f(x) = x$ $(-l \leq x \leq l)$ のフーリエ級数は，$x = l$ では項別微分できないことを確かめよ．

4.5 フーリエ級数からフーリエ積分へ

フーリエ級数は，周期関数あるいは有限区間で与えられた関数を，無限三角級数で表すものであった．これに対して，無限区間で定義され周期をもたない関数は，周期が無限大の関数であると考え，フーリエ級数の方法を形式的に適用してみよう．

そのため，周期 $2l$ $(l > 0)$ の周期関数の複素フーリエ級数の公式

$$f(x) \sim \sum_{n=-\infty}^{\infty} c_n e^{i(n\pi/l)x}$$

が $l \to \infty$ の極限でどのようになるか，形式的に調べてみよう．この式に，

$$c_n = \frac{1}{2l}\int_{-l}^{l} f(t) e^{-i(n\pi/l)t} dt$$

を代入すると，

$$f(x) \sim \frac{1}{2\pi}\sum_{n=-\infty}^{\infty} \frac{\pi}{l}\int_{-l}^{l} f(t) e^{-i(n\pi/l)(t-x)} dt$$

となる．ここで，

$$u_n = \frac{n\pi}{l}, \qquad \Delta u = u_{n+1} - u_n = \frac{\pi}{l}$$

とおけば，

$$f(x) \sim \frac{1}{2\pi}\sum_{n=-\infty}^{\infty} \Delta u \cdot e^{iu_n x}\int_{-l}^{l} f(t) e^{-iu_n t} dt \tag{4.32}$$

さて，$f(x)$ は $(-\infty, \infty)$ で**絶対可積分** (absolutely integrable)，すなわち，

$$\int_{-\infty}^{\infty} |f(x)|dx = \lim_{a \to -\infty} \lim_{b \to +\infty} \int_a^b |f(x)|dx < \infty \tag{4.33}$$

であると仮定しよう．

この仮定のもとで $l \to \infty$ すなわち $\Delta u \to 0$ の極限をとると，式 (4.32) の右辺は，区間 $(-\infty, \infty)$ を Δu の幅で分割していったときの定積分の定義式とみなせるので，

$$f(x) \sim \frac{1}{2\pi} \int_{-\infty}^{\infty} e^{iux} \left\{ \int_{-\infty}^{\infty} f(t) e^{-iut} dt \right\} du \tag{4.34}$$

となることが期待される．

次に，式 (4.34) を実形式で表すために，

$$e^{iu(x-t)} = \cos u(x-t) + i \sin u(x-t)$$

を用いれば，

$$f(x) \sim \frac{1}{2\pi} \int_{-\infty}^{\infty} \int_{-\infty}^{\infty} f(t) \cos u(x-t) dt\, du + \frac{i}{2\pi} \int_{-\infty}^{\infty} \int_{-\infty}^{\infty} f(t) \sin u(x-t) dt\, du$$

となる．ここで，$\cos u(x-t)$ は u の偶関数，$\sin u(x-t)$ は u の奇関数であることに注意すれば，

$$f(x) \sim \frac{1}{\pi} \int_0^{\infty} \int_{-\infty}^{\infty} f(t) \cos u(t-x) dt\, du \tag{4.35}$$

となる．

式 (4.34)，(4.35) は，それぞれ，複素フーリエ級数あるいはフーリエ級数に対応するもので，**フーリエ重積分公式** (double integral formula of Fourier) という．また，式 (4.34)，(4.35) の右辺を，それぞれ $f(x)$ の**複素フーリエ積分** (complex Fourier integral)，あるいは**フーリエ積分** (Fourier integral) という．もちろん，右辺の積分が存在する場合のことである．

さらに，式 (4.35) は，余弦の加法定理を用いれば，

$$f(x) \sim \int_0^{\infty} \{a(u) \cos ux + b(u) \sin ux\} du \tag{4.36}$$

$$\left.\begin{array}{l} a(u) = \dfrac{1}{\pi} \displaystyle\int_{-\infty}^{\infty} f(t) \cos ut\, dt \\[2mm] b(u) = \dfrac{1}{\pi} \displaystyle\int_{-\infty}^{\infty} f(t) \sin ut\, dt \end{array}\right\} \tag{4.37}$$

となり，フーリエ級数および，フーリエ係数に対応する表現が得られる．

とくに，$f(x)$ が偶関数のときは，

$$f(x) \sim \frac{2}{\pi} \int_0^\infty \cos ux \left\{ \int_0^\infty f(t) \cos ut \, dt \right\} du \tag{4.38}$$

となり，$f(x)$ が奇関数のときは，

$$f(x) \sim \frac{2}{\pi} \int_0^\infty \sin ux \left\{ \int_0^\infty f(t) \sin ut \, dt \right\} du \tag{4.39}$$

となる．式 (4.38), (4.39) を，それぞれ**フーリエ余弦積分**，**フーリエ正弦積分**という．

問 4.21 周期 $2l$ $(l > 0)$ の周期関数のフーリエ級数の公式

$$f(x) \sim \frac{a_0}{2} + \sum_{n=1}^\infty \left(a_n \cos \frac{n\pi x}{l} + b_n \sin \frac{n\pi x}{l} \right)$$

が，$l \to \infty$ の極限で式 (4.35) のようになることを形式的に調べてみよ．

4.6 フーリエ積分の収束性

フーリエ重積分公式 (4.35) の右辺は，

$$\frac{1}{\pi} \int_0^\infty \int_{-\infty}^\infty f(t) \cos u(t-x) dt \, du = \lim_{\lambda \to \infty} \frac{1}{\pi} \int_0^\lambda \int_{-\infty}^\infty f(t) \cos u(t-x) dt \, du \tag{4.40}$$

であるから，

$$S_\lambda(x) = \frac{1}{\pi} \int_0^\lambda \int_{-\infty}^\infty f(t) \cos u(t-x) dt \, du \tag{4.41}$$

は，フーリエ級数の部分和に対応していることがわかる．

$S_\lambda(x)$ において，$f(x)$ が $(-\infty, \infty)$ で絶対可積分であれば，u に関する積分の被積分関数は，

$$\left| \int_{-\infty}^\infty f(t) \cos u(t-x) dt \right| < \int_{-\infty}^\infty |f(t)| dt < \infty$$

であるので，積分の順序を交換することが可能で，

$$\begin{aligned} S_\lambda(x) &= \frac{1}{\pi} \int_{-\infty}^\infty f(t) dt \int_0^\lambda \cos u(t-x) du \\ &= \frac{1}{\pi} \int_{-\infty}^\infty f(t) \frac{\sin \lambda(t-x)}{t-x} dt \end{aligned} \tag{4.42}$$

となることがわかる．したがって，以下では $\lim_{\lambda \to \infty} S_\lambda(x)$ を求めることにより，フーリエ重積分公式 (4.35) が，フーリエ級数が収束するための十分条件とほぼ同じ条件のもとで成立することを証明しよう．すなわち，次の**フーリエの重積分定理** (double integral theorem of Fourier) が成立することを示す.

> **定理 4.6** フーリエの重積分定理
>
> 　関数 $f(x)$ は x の任意の有限区間で区分的に滑らかで，しかも $(-\infty, \infty)$ で絶対可積分とする．このとき，
> $$\frac{1}{\pi}\int_0^\infty \int_{-\infty}^\infty f(t)\cos u(t-x)\,dt\,du = \frac{1}{2}\{f(x-0)+f(x+0)\} \quad (4.43)$$
> が成立する．ここで，左辺の u に関する積分は，
> $$\int_0^\infty = \lim_{\lambda\to\infty}\int_0^\lambda \quad (4.44)$$
> の意味である．

(証明)* $\displaystyle\lim_{\lambda\to\infty} S_\lambda(x)$ を求めるため，$S_\lambda(x)$ を2つの積分にわけて変数交換を行えば，

$$S_\lambda(x) = \frac{1}{\pi}\int_{-\infty}^x f(t)\frac{\sin\lambda(t-x)}{t-x}dt + \frac{1}{\pi}\int_x^\infty f(t)\frac{\sin\lambda(t-x)}{t-x}dt$$
$$= \frac{1}{\pi}\int_0^\infty f(x-z)\frac{\sin\lambda z}{z}dz + \frac{1}{\pi}\int_0^\infty f(x+z)\frac{\sin\lambda z}{z}dz$$

となるので，定理の証明には，右辺の第1項と第2項が，それぞれ $\lambda\to\infty$ のときに $f(x-0)/2$ と $f(x+0)/2$ に収束することを示せばよい．すなわち，公式

$$\lim_{\lambda\to\infty}\frac{1}{\pi}\int_0^\lambda f(x\pm z)\frac{\sin\lambda z}{z}dz = \frac{1}{2}f(x\pm 0) \quad (4.45)$$

が成立することを証明すればよい．以下では，式 (4.45) の複号のうち負の場合について証明するが，正の場合の証明もまったく同様である．

　$z>1$ のとき $|(\sin\lambda z)/z|<1$ であることと，$f(x-z)$ が区間 $(0,\infty)$ で，絶対可積分であることに注意すれば，定められた x と任意の $\varepsilon>0$ に対して，$N>1$ であるような数 N が存在して，

$$\left|\frac{1}{\pi}\int_N^\infty f(x-z)\frac{\sin\lambda z}{z}dz\right| \leq \frac{1}{\pi}\int_N^\infty |f(x-z)|\,dz < \frac{\varepsilon}{2} \quad (4.46)$$

となるので，あとは十分大きな λ に対して，

$$\left|\frac{1}{\pi}\int_0^N f(x-z)\frac{\sin\lambda z}{z}dz - \frac{1}{2}f(x-0)\right| < \frac{\varepsilon}{2} \quad (4.47)$$

となることを示せば，式 (4.46)，(4.47) より十分大きな λ に対して，

$$\left|\frac{1}{\pi}\int_0^\infty f(x-z)\frac{\sin\lambda z}{z}dz - \frac{1}{2}f(x-0)\right| < \frac{\varepsilon}{2} + \frac{\varepsilon}{2} = \varepsilon$$

を得るので，式 (4.45) の負の場合が証明できる．

　すなわち，次の**ディリクレの積分公式** (Dirichlet's integral formula) を証明すれば，定理 4.6 の証明が完了することになる．

> **補題 4.4** ディリクレの積分公式
>
> $f(x)$ が x の任意の有限区間で区分的に滑らか関数であれば，任意の正定数 N に対して，
> $$\lim_{\lambda \to \infty} \frac{1}{\pi} \int_0^N f(x \pm z) \frac{\sin \lambda z}{z} dz = \frac{1}{2} f(x \pm 0) \tag{4.48}$$
> が成立する．

(証明)* 式 (4.48) の複号のうち，負の場合について証明するが，正の場合も同様である．
$$\lim_{\lambda \to \infty} \frac{1}{\pi} \int_0^N \frac{\sin \lambda z}{z} dz = \lim_{\lambda \to \infty} \frac{1}{\pi} \int_0^{\lambda N} \frac{\sin t}{t} dt = \frac{1}{\pi} \int_0^\infty \frac{\sin t}{t} dt = \frac{1}{2}$$
であることに注意すれば (問 4.17 参照)，
$$\lim_{\lambda \to \infty} \frac{1}{\pi} \int_0^N \left\{ \frac{f(x-z) - f(x-0)}{z} \right\} \sin \lambda z \, dz = 0$$
を示せばよい．ここで，
$$g(z) = \begin{cases} \{f(x-z) - f(x-0)\}/z & (0 < z < N) \\ -f'(x-0) & (z = 0) \\ 0 & (-\infty < z < 0, \; N < z < \infty) \end{cases}$$
とおけば，$f(x)$ が区分的に滑らかであるから，$g(z)$ は有界で区分的に連続となる．また，
$$\int_0^N g(z) \sin \lambda z \, dz = \int_{-\infty}^\infty g(z) \sin \lambda z \, dz = \int_{-\infty}^\infty g\left(z + \frac{\pi}{\lambda}\right) \sin \lambda \left(z + \frac{\pi}{\lambda}\right) dz$$
$$= -\int_{-\infty}^\infty g\left(z + \frac{\pi}{\lambda}\right) \sin \lambda z \, dz$$
となるので，
$$\int_0^N g(z) \sin \lambda z \, dz = \frac{1}{2} \int_{-\infty}^\infty \left\{ g(z) - g\left(z + \frac{\pi}{\lambda}\right) \right\} \sin \lambda z \, dz$$
と表せる．したがって，$\lambda > \pi$ ならば，
$$\left| \int_0^N g(z) \sin \lambda z \, dz \right| \leq \frac{1}{2} \int_{-\infty}^\infty \left| g(z) - g\left(z + \frac{\pi}{\lambda}\right) \right| dz$$
$$= \frac{1}{2} \int_{-1}^{N+1} \left| g(z) - g\left(z + \frac{\pi}{\lambda}\right) \right| dz$$

ここで，有界な関数 $g(z)$ は，たかだか有限個の点を除いて連続であるから，$\lambda \to \infty$ のとき右辺の積分は 0 に収束する．

以上のようにして，補題 4.4 が証明されたので，結局，定理 4.1 のフーリエの重積分定理が証明された．◀

例 4.10

$f(x) = \begin{cases} 1 & (|x| < 1) \\ 1/2 & (|x| = 1) \\ 0 & (|x| > 1) \end{cases}$ をフーリエ積分で表せ.

【解】 $f(x)$ は偶関数であるから，フーリエ積分は，式 (4.38) で与えられる．$f(x)$ は定理 4.6 の仮定を満たすので，

$$f(x) = \frac{2}{\pi} \int_0^\infty \cos ux \left\{ \int_0^\infty f(t) \cos ut \, dt \right\} du$$

$$= \frac{2}{\pi} \int_0^\infty \cos ux \left\{ \int_0^1 \cos ut \, dt \right\} du$$

$$= \frac{2}{\pi} \int_0^\infty \frac{\sin u}{u} \cos ux \, du$$

このようにして，ディリクレの不連続因子とよばれる次の結果が得られる．

$$\frac{2}{\pi} \int_0^\infty \frac{\sin u}{u} \cos ux \, du = \begin{cases} 1 & (|x| < 1) \\ 1/2 & (|x| = 1) \\ 0 & (|x| > 1) \end{cases}$$

とくに，$x = 0$ とおけば，

$$\int_0^\infty \frac{\sin u}{u} du = \frac{\pi}{2}$$

が得られる．

問 4.22 $f(x) = \begin{cases} \sin x & (|x| \leq \pi) \\ 0 & (|x| > \pi) \end{cases}$ をフーリエ積分で表せ.

4.7 フーリエ変換とその性質

以下では簡単のため，区分的に連続な関数の不連続点での関数値を，

$$f(x) = \frac{1}{2}\{f(x-0) - f(x+0)\} \tag{4.49}$$

と再定義しているものとする．このとき，定理 4.6 の仮定のもとで，式 (4.43) の左辺を複素フーリエ積分で表し，

$$F(u) = \frac{1}{\sqrt{2\pi}} \int_{-\infty}^\infty f(t) e^{-iut} dt \tag{4.50}$$

とおけば，式 (4.43) は，

$$f(x) = \frac{1}{\sqrt{2\pi}} \int_{-\infty}^\infty F(u) e^{iux} du \tag{4.51}$$

と表される．

ここで，u に関する積分は式 (4.44) の意味であるが，もし $F(u)$ も絶対可積分，すなわち，

$$\int_{-\infty}^{\infty} |F(u)| du < \infty \tag{4.52}$$

であれば，その制約は不要である．

式 (4.50) で定義された $f(x)$ から $F(u)$ への変換を，**フーリエ変換** (Fourier transform) とよび，記号

$$F(u) = \mathcal{F}[f(x)] \tag{4.53}$$

で表す．これに対して，式 (4.51) をフーリエの**反転公式** (inversion formula)，あるいは**フーリエ逆変換** (inverse Fourier transform) とよび，記号

$$f(x) = \mathcal{F}^{-1}[F(u)] \tag{4.54}$$

で表す．なお，これらの式で，定数 $1/\sqrt{2\pi}$ は，対称性を考慮して単に便宜的に選ばれたものであることに注意しよう．

とくに，$f(x)$ が偶関数であれば，次のような 1 対の対称な**フーリエ余弦変換**とその反転公式が得られる．

$$\left. \begin{array}{l} F_c(u) = \sqrt{\dfrac{2}{\pi}} \displaystyle\int_0^\infty f(t) \cos ut \, dt \\[2mm] f(x) = \sqrt{\dfrac{2}{\pi}} \displaystyle\int_0^\infty F_c(u) \cos ux \, du \end{array} \right\} \tag{4.55}$$

同様に，$f(x)$ が奇関数であれば，**フーリエ正弦変換**とその反転公式

$$\left. \begin{array}{l} F_s(u) = \sqrt{\dfrac{2}{\pi}} \displaystyle\int_0^\infty f(t) \sin ut \, dt \\[2mm] f(x) = \sqrt{\dfrac{2}{\pi}} \displaystyle\int_0^\infty F_s(u) \sin ux \, du \end{array} \right\} \tag{4.56}$$

が得られる．

ここで，関数 $f(x)$ が区間 $(0, \infty)$ で定義されているとき，全区間 $-\infty < x < \infty$ に偶関数あるいは奇関数として拡張すれば，式 (4.45) あるいは式 (4.46) が適用できることに注意しよう．

例 4.11 a を任意の正数とするとき，

$$f(x) = \begin{cases} 1 & (|x| < a) \\ 0 & (|x| > a) \end{cases} \quad \text{のフーリエ変換を求めよ．}$$

【解】 式 (4.50) より，

$$F(u) = \frac{1}{\sqrt{2\pi}} \int_{-\infty}^{\infty} f(t) e^{-iut} dt = \frac{1}{\sqrt{2\pi}} \int_{-a}^{a} e^{-iut} dt$$

$$= \frac{1}{\sqrt{2\pi}} \frac{e^{iau} - e^{-iau}}{iu} = \sqrt{\frac{2}{\pi}} \cdot \frac{\sin ua}{u} \quad (u \neq 0)$$

$$F(0) = \frac{1}{\sqrt{2\pi}} \int_{-a}^{a} dt = \sqrt{\frac{2}{\pi}} a$$

問 4.23 $f(x) = \begin{cases} 1 - x^2 & (|x| \leq 1) \\ 0 & (|x| > 1) \end{cases}$ のフーリエ変換を求めよ．

問 4.24 $f(x) = e^{-a|x|} \quad (a > 0)$ のフーリエ変換を求めよ．

フーリエ変換の定義より，ただちに次のフーリエ変換の基本的な性質が導かれる．

■ **線形性**：任意の定数 a, b に対して，

$$\mathcal{F}[af(x) + bg(x)] = a\mathcal{F}[f(x)] + b\mathcal{F}[g(x)] \tag{4.57}$$

■ **対称性**：

$$\mathcal{F}[F(u)] = f(-x) \tag{4.58}$$

■ **相似性**：任意の実定数 $a \neq 0$ に対して，

$$\mathcal{F}[f(ax)] = \frac{1}{|a|} F\left(\frac{u}{a}\right) \tag{4.59}$$

■ **移動性**：任意の実定数 a に対して，

$$\left.\begin{array}{l} \mathcal{F}[f(x+a)] = e^{iau}\mathcal{F}[f(x)] \\ \mathcal{F}[e^{iax}f(x)] = F(u-a) \end{array}\right\} \tag{4.60}$$

問 4.25 フーリエ変換の基本性質の式 (4.57)〜(4.60) が成立することを示せ．

次に，応用上よく用いられるフーリエ変換の性質を調べてみよう．

■ **微　分**

$f(x), f'(x), \cdots, f^{(k)}(x)$ が $(-\infty, \infty)$ で連続かつ絶対可積分のとき，

$$\mathcal{F}[f^{(k)}(x)] = (iu)^k \mathcal{F}[f(x)] \tag{4.61}$$

$$\mathcal{F}[(-ix)^k f(x)] = \frac{d^k F(u)}{du^k} \tag{4.62}$$

実際，部分積分によって得られる式

$$\mathcal{F}[f^{(k)}(x)] = \frac{1}{\sqrt{2\pi}}\left[f^{(k-1)}(x)e^{-iux}\right]_{-\infty}^{\infty} + \frac{iu}{\sqrt{2\pi}}\int_{-\infty}^{\infty}f^{(k-1)}(x)e^{-iux}dx$$

において，仮定より $\lim_{x\to\pm\infty}f^{(k-1)}(x) = 0$ であることを考慮すれば，

$$\mathcal{F}[f^{(k)}(x)] = \frac{iu}{\sqrt{2\pi}}\int_{-\infty}^{\infty}f^{(k-1)}(x)e^{-iux}dx$$

となるので，この手続きを繰り返せば式 (4.61) が得られる．式 (4.62) は $f(x)$ のフーリエ変換の式 (4.50) を，u について n 回微分することにより導かれる．

問 4.26　■ 積分

$$\lim_{x\to\pm\infty}\int_0^x f(t)dt = 0, \quad u \neq 0 \text{ のとき，}$$

$$\mathcal{F}\left[\int_0^x f(t)dt\right] = \frac{1}{iu}\mathcal{F}[f(x)]$$

となることを示せ．

■ 合成積

$(-\infty, \infty)$ で，定義された関数 $f(x)$, $g(x)$ に対して，

$$h(x) = \int_{-\infty}^{\infty}f(x-y)g(y)dy \tag{4.63}$$

によって定義される関数 $h(x)$ が存在するとき，これを $f(x)$ と $g(x)$ の**合成積** (convolution) とよび，

$$h(x) = (f * g)(x)$$

で表す．定義より明らかに，次の関係が成り立つ．

$$h(x) = (f * g)(x) = (g * f)(x) \tag{4.64}$$

$f(x)$ と $g(x)$ がともに絶対可積分のとき，合成積 $(f * g)(x)$ も絶対可積分となり，

$$\mathcal{F}[f * g] = \sqrt{2\pi}\mathcal{F}[f]\mathcal{F}[g] \tag{4.65}$$

が成立する．

式 (4.65) は，合成積のフーリエ変換の積分順序を交換すれば，

$$\frac{1}{\sqrt{2\pi}}\int_{-\infty}^{\infty}\left\{\int_{-\infty}^{\infty}f(t-y)g(y)dy\right\}e^{-iut}dt$$

$$= \frac{1}{\sqrt{2\pi}}\int_{-\infty}^{\infty}g(y)e^{-iuy}\left\{\int_{-\infty}^{\infty}f(t-y)e^{-iu(t-y)}dt\right\}dy$$

$$= \sqrt{2\pi}\mathcal{F}[f]\mathcal{F}[g]$$

4.7 フーリエ変換とその性質

となることより導かれる．

例 4.12　積分方程式 (integral equation)

$$f(x) = g(x) + \int_{-\infty}^{\infty} f(y)k(x-y)dy$$

の解 $f(x)$ を求めよ．

【解】　$f(x)$, $g(x)$, $k(x)$ のフーリエ変換を，それぞれ $F(u)$, $G(u)$, $K(u)$ とし，両辺をフーリエ変換すれば，

$$F(u) = G(u) + \sqrt{2\pi} F(u) K(u)$$

となるので，

$$F(u) = \frac{G(u)}{1 - \sqrt{2\pi} K(u)}$$

が得られる．この式の両辺をフーリエ逆変換すれば，

$$f(x) = \mathcal{F}^{-1}\left[\frac{G(u)}{1 - \sqrt{2\pi} K(u)}\right] = \frac{1}{\sqrt{2\pi}} \int_{-\infty}^{\infty} \frac{G(u)}{1 - \sqrt{2\pi} K(u)} e^{iux} du$$

問 4.27　次の積分方程式を解け．

(1) $\displaystyle\int_{-\infty}^{\infty} f(y) f(x-y) dy = e^{-x^2}$

(2) $\displaystyle\int_{0}^{\infty} f(y) e^{-(x-y)} dy = \begin{cases} 0 & (x < 0) \\ x^2 e^{-x} & (x > 0) \end{cases}$

■ パーセバルの等式

フーリエ変換においても，フーリエ級数の場合と同様に，パーセバルの等式が成立する．すなわち，$\displaystyle\int_{-\infty}^{\infty} |f(x)|^2 dx$ が存在するような $f(x)$ に対して，

$$\int_{-\infty}^{\infty} |F(u)|^2 du = \int_{-\infty}^{\infty} |f(x)|^2 dx \tag{4.66}$$

が成立する．これをフーリエ積分に対するパーセバルの等式という．

パーセバルの等式 (4.66) は，どちらか一方の積分が有限であれば成立するが，ここでは簡単のため，$-\infty < x < \infty$ において $f(x)$ が 2 回連続的微分可能で，さらに $f'(x)$ と $f''(x)$ がともに絶対可積分である場合を考えてみよう．

このとき，式 (4.61) と仮定より，

$$u^2 |F(u)| = |\mathcal{F}[f''(x)]| < \int_{-\infty}^{\infty} |f''(x)| dx < \infty$$

となるので，$F(u)$ は絶対可積分である．したがって，$F(u)$ の共役複素数を $\overline{F(u)}$ で表せば，

$$\int_{-\infty}^{\infty} |F(u)|^2 du = \int_{-\infty}^{\infty} F(u)\overline{F(u)} du$$

$$= \int_{-\infty}^{\infty} F(u) \left\{ \frac{1}{\sqrt{2\pi}} \int_{-\infty}^{\infty} f(t) e^{iut} dt \right\} du$$

$$= \int_{-\infty}^{\infty} f(t) \left\{ \frac{1}{\sqrt{2\pi}} \int_{-\infty}^{\infty} F(u) e^{iut} du \right\} dt$$

$$= \int_{-\infty}^{\infty} |f(x)|^2 dx$$

となり，パーセバルの等式が導かれる．

例 4.13 例 4.11 より，

$$f(x) = \begin{cases} 1 & (|x| < a) \\ 0 & (|x| > a) \end{cases}$$

のフーリエ変換は，

$$F(u) = \sqrt{\frac{2}{\pi}} \cdot \frac{\sin ua}{u}$$

であるから，パーセバルの等式より，

$$\int_{-a}^{a} 1^2 dx = 2a = \frac{2}{\pi} \int_{-\infty}^{\infty} \frac{\sin^2 au}{u^2} du = \frac{4}{\pi} \int_{0}^{\infty} \frac{\sin^2 au}{u^2} du$$

となり，次式が導かれる．

$$\int_{0}^{\infty} \frac{\sin^2 au}{u^2} du = \frac{\pi a}{2}$$

問 4.28 問 4.24 の結果とパーセバルの等式より，次式を導け．

$$\int_{0}^{\infty} \frac{dx}{(x^2+1)^2} = \frac{\pi}{4}$$

演習問題 [4]

4.1 次の周期関数のフーリエ級数を求めよ．

(1) $f(x) = \cos ax$ $(-\pi \leqq x \leqq \pi)$，周期 2π （a：整数でない実数）

(2)　$f(x) = \begin{cases} x(\pi + x) & (-\pi \leq x \leq 0) \\ x(\pi - x) & (0 \leq x \leq \pi) \end{cases}$, 周期 2π

(3)　$f(x) = x \sin x$, 周期 2π

(4)　$f(x) = \begin{cases} 1 & (-1 \leq x < 0) \\ x & (0 \leq x \leq 1) \end{cases}$, 周期 2

(5)　$f(x) = 1 - |x|$　$(-1 \leq x \leq 1)$, 周期 2

4.2　次の周期関数の複素フーリエ級数を求めよ.

(1)　$f(x) = x^2$　$(-2 \leq x \leq 2)$, 周期 4

(2)　$f(x) = \cos(x/2)$　$(-\pi \leq x < \pi)$, 周期 2π

4.3　次の関数の (半区間) フーリエ余弦級数と, (半区間) フーリエ正弦級数を求めよ.

(1)　$f(x) = x$　$(0 < x < l)$　　(2)　$f(x) = \sin x$　$(0 < x < \pi)$

(3)　$f(x) = \cos x$　$(0 < x < \pi)$　　(4)　$f(x) = \sin x + \cos x$　$(0 < x < \pi)$

(5)　$f(x) = e^{\alpha x}$　$(0 < x < \pi)$

4.4　周期 $2l$ の関数 $f(x)$, $g(x)$ の複素フーリエ級数を, それぞれ,

$$f(x) = \sum_{n=-\infty}^{\infty} c_n e^{i(n\pi/l)x}, \qquad g(x) = \sum_{n=-\infty}^{\infty} d_n e^{i(n\pi/l)x}$$

とすれば, 関数

$$h(x) = \frac{1}{2l} \int_{-l}^{l} f(x-s) g(s) ds$$

は周期 $2l$ の関数で,

$$h(x) = \sum_{n=-\infty}^{\infty} c_n d_n e^{i(n\pi/l)x}$$

となることを示せ.

4.5　演習問題 4.1 の (1) のフーリエ級数を用いて, 次の関係式を導け.

(1)　$\cot \pi x - \dfrac{1}{\pi x} = -\dfrac{2x}{\pi} \left(\dfrac{1}{1^2 - x^2} + \dfrac{1}{2^2 - x^2} + \dfrac{1}{3^2 - x^2} + \cdots \right)$

(2)　$\sin \pi x = \pi x \left(1 - \dfrac{x^2}{1^2} \right) \left(1 - \dfrac{x^2}{2^2} \right) \left(1 - \dfrac{x^2}{3^2} \right) \cdots$

(3)　$\dfrac{\pi}{2} = \prod_{n=1}^{\infty} \left(\dfrac{2n}{2n-1} \right) \left(\dfrac{2n}{2n+1} \right) = \dfrac{2}{1} \cdot \dfrac{2}{3} \cdot \dfrac{4}{3} \cdot \dfrac{4}{5} \cdot \dfrac{6}{5} \cdot \dfrac{6}{7} \cdots$

ここで, (3) は, **ワリスの公式** (Wallis' formula) とよばれるものである.

4.6　演習問題 4.1 の (3) のフーリエ級数を用いて, 次の関係式を導け.

(1)　$x(1 + \cos x) = \dfrac{3}{2} \sin x + 2 \sum_{n=2}^{\infty} \dfrac{(-1)^n}{n(n^2 - 1)} \sin nx$

(2)　$\sum_{n=2}^{\infty} \dfrac{1}{(n-1)^2 n^2 (n+1)^2} = \dfrac{4\pi^2 - 39}{16}$

4.7　$f(x)$ が区間 $[-\pi, \pi]$ において連続で $f(\pi) = f(-\pi)$ ならば, $f(x)$ のフーリエ級数の部分和 $S_n(x)$ の相加平均

$$\sigma_n(x) = \frac{S_0(x) + S_1(x) + \cdots + S_n(x)}{n+1}$$

は，x に関して一様に $f(x)$ に収束するという**フェイェールの定理** (Fejer's theorem) を証明せよ．

4.8 フェイェールの定理の応用として，次の**ワイヤストラスの近似定理** (Weierstrass approximation theorem) を証明せよ．

ワイヤストラスの近似定理

閉区間 $[a, b]$ において連続な関数は，多項式によって一様に近似できる．すなわち，その関数を $f(x)$ とすれば，任意の $\varepsilon > 0$ に対して，区間 $[a, b]$ でつねに $|f(x) - P(x)| < \varepsilon$ となる多項式 $P(x)$ が存在する．

4.9 区間 $[-\pi, \pi]$ で区分的に連続な関数に対して $f(x)$ のフーリエ級数は**平均収束** (mean convergence) すること，すなわち $f(x)$ のフーリエ級数の第 n 部分和を $S_n(x)$ とおけば，

$$\lim_{n\to\infty} \int_{-\pi}^{\pi} \{f(x) - S_n(x)\}^2 dx = 0$$

が成立することを示せ．さらに，$f(x)$ のフーリエ級数が平均収束するとき，パーセバルの等式

$$\frac{a_0{}^2}{2} + \sum_{n=1}^{\infty}(a_n{}^2 + b_n{}^2) = \frac{1}{\pi}\int_{-\pi}^{\pi}\{f(x)\}^2 dx$$

が成立することを示せ．

4.10 区間 $[a, b]$ で可積分な関数 $f(x)$, $g(x)$ に対して，f, g の**内積**および**ノルム**を次のように定義する．

$$(f, g) = \int_a^b f(x)g(x)dx, \qquad \|f\| = \sqrt{(f, f)}$$

$(f, g) = 0$ ならば f と g は互いに直交するといい，$\|f\| = 1$ ならば f は正規化されているという．

区間 $[a, b]$ において連続な関数列 $\{\varphi_n\}$ が直交するとき，すなわち，

$$(\varphi_m, \varphi_n) = \begin{cases} \|\varphi_m\|^2 & (m = n) \\ 0 & (m \neq n) \end{cases}$$

を満たすとき，$\{\varphi_n(x)\}$ を直交系という．とくに，すべての φ_n が正規化されているとき，すなわち $\|\varphi_n\| = 1$ $(n = 1, 2, \cdots)$ であるとき，$\{\varphi_n(x)\}$ を**正規直交系**という．

区間 $[a, b]$ における正規直交系 $\{\varphi_n(x)\}$ と可積分な関数 $f(x)$ に対して，次のことを示せ．

(1) 定数 c_i $(i = 1, 2, \cdots)$ に対して，

$$\int_a^b \left\{f(x) - \sum_{i=1}^n c_i \varphi_i(x)\right\}^2 dx = \left\|f - \sum_{i=1}^n c_i \varphi_i\right\|^2$$

の値が最小になるのは $c_i = (f, \varphi_i)$ のときで，かつそのときに限る．

(2) $\displaystyle\sum_{n=1}^{\infty}(f,\varphi_n)^2 \leqq \int_a^b \{f(x)\}^2 dx$

が成立する．これをベッセルの不等式という．

(3) $c_i=(f,\varphi_i)$ のとき，
$$\lim_{n\to\infty}\left\|f-\sum_{i=1}^n c_i\varphi_i\right\|=0$$
であるための必要十分条件は，パーセバルの等式
$$\sum_{n=1}^{\infty}c_n{}^2=\|f\|^2$$
が成立することである．この等式が任意の $f(x)$ に対して成立するとき，$\{\varphi_n(x)\}$ を**完全正規直交系**という．

4.11 次の関数のフーリエ変換を求めよ．

(1) $f(x)=xe^{-a|x|}\quad(a>0)$ (2) $f(x)=\begin{cases}1/(2\varepsilon)&(|x|\leqq\varepsilon)\\0&(|x|>\varepsilon)\end{cases}$

(3) $f(x)=\begin{cases}1-|x|/a&(|x|\leqq a)\\0&(|x|>a)\end{cases}$

4.12 次の関数のフーリエ余弦変換とフーリエ正弦変換を求めよ．

(1) $f(x)=\begin{cases}x&(0<x<a)\\0&(a\leqq x)\end{cases}$ (2) $f(x)=e^{-ax}\quad(x>0,\ a>0)$

(3) $f(x)=e^{-x}\cos x\quad(0<x<\infty)$

4.13 次の定積分を求めよ．

(1) $\displaystyle\int_0^{\infty}\frac{\sin^2 x}{x^2}dx$ （演習問題 4.11 の (3) を利用せよ）

(2) $\displaystyle\int_0^{\infty}\frac{\cos x}{x^2+a^2}dx$ （演習問題 4.12 の (2) を利用せよ）

(3) $\displaystyle\int_0^{\infty}\frac{x^2+2}{x^4+4}dx$ （演習問題 4.12 の (3) を利用せよ）

4.14 $\mathcal{F}[f(x)]=F(u)$ とおくとき，次の公式を証明せよ．
$$\mathcal{F}[f(ax)\cos bx]=\frac{1}{2a}\left[F\left(\frac{u+b}{a}\right)+F\left(\frac{u-b}{a}\right)\right]$$
$$\mathcal{F}[f(ax)\sin bx]=\frac{i}{2a}\left[F\left(\frac{u+b}{a}\right)-F\left(\frac{u-b}{a}\right)\right]$$

4.15 次の積分方程式を解け．

(1) $\displaystyle\int_0^{\infty}f(x)\cos ax\,dx=\begin{cases}1-a&(0\leqq a\leqq 1)\\0&(a>1)\end{cases}$

(2) $\displaystyle\int_{-\infty}^{\infty}\frac{f(y)dy}{(x-y)^2+a^2}=\frac{1}{x^2+b^2}\quad(0<a<b)$

第5章 ラプラス変換

5.1 ラプラス変換の定義と存在

関数 $f(t)$ のフーリエ変換

$$F(u) = \frac{1}{\sqrt{2\pi}} \int_{-\infty}^{\infty} f(t) e^{-iut} dt \tag{5.1}$$

の存在を保証するためには，$f(t)$ が，$(-\infty, \infty)$ で絶対可積分であるという条件

$$\int_{-\infty}^{\infty} |f(t)| dt < \infty \tag{5.2}$$

を満たすことが前提になっていた．したがって，定数 1 や単振動を表す e^{it} などの絶対可積分ではない関数に対しては，フーリエ変換を考えることができない．そこで，$f(t)$ のかわりに $\sigma > 0$ をパラメータとする $e^{-\sigma t} f(t)$ を考えると，$f(t)$ が $t \to \infty$ で有界であれば，$e^{-\sigma t} f(t)$ は $(0, \infty)$ で絶対可積分となることがわかる．しかし，$t \to -\infty$ では $e^{-\sigma t} \to \infty$ となるので，$t < 0$ では $f(t) = 0$ とみなし[†]，フーリエ変換の定数 $1/\sqrt{2\pi}$ を逆変換のほうに含めて，$e^{-\sigma t} f(t)$ のフーリエ変換 $F(\sigma, u)$ とその逆変換を書き表せば，

$$F(\sigma, u) = \int_0^{\infty} f(t) e^{-(\sigma+iu)t} dt \quad (t > 0) \tag{5.3}$$

$$e^{-\sigma t} f(t) = \frac{1}{2\pi} \int_{-\infty}^{\infty} F(\sigma, u) e^{iut} du \quad (t > 0) \tag{5.4}$$

となる．ただし，式 (5.4) の右辺の u に関する積分は，一般に，

$$\int_{-\infty}^{\infty} = \lim_{\lambda \to \infty} \int_{-\lambda}^{\lambda} \tag{5.5}$$

の意味である．ここで，式 (5.3) の積分は $\sigma + iu$ の関数となるので，$s = \sigma + iu$ とおけば，式 (5.3) は，

$$F(s) = \int_0^{\infty} f(t) e^{-st} dt \tag{5.6}$$

[†] $f(t)$ が時間変数 t の関数である場合には，将来，すなわち $t > 0$ のときが重要で，$f(t) = 0 \ (t < 0)$ とおくことは問題にはならない．

と書きなおされるので，式 (5.4) は，

$$f(t) = \frac{1}{2\pi} \int_{-\infty}^{\infty} F(\sigma, u) e^{(\sigma+iu)t} du \quad (t > 0)$$

すなわち，

$$f(t) = \frac{1}{2\pi i} \int_{\sigma-i\infty}^{\sigma+i\infty} F(s) e^{st} ds \quad (t > 0) \tag{5.7}$$

となる．ただし，式 (5.7) の積分は，虚軸に平行な直線 $s = \sigma$ に沿う積分であり，式 (5.5) より，

$$\int_{\sigma-i\infty}^{\sigma+i\infty} = \lim_{\lambda \to \infty} \int_{\sigma-i\lambda}^{\sigma+i\lambda} \tag{5.8}$$

このようにして得られる，

$$F(s) = \int_{0}^{\infty} f(t) e^{-st} dt$$

を，実変数 t の関数 $f(t)$ を複素変数 s の関数 $F(s)$ に対応させる積分変換とみて，$f(t)$ の**ラプラス変換** (Laplace transform) とよび，記号

$$F(s) = \mathcal{L}[f(t)] \tag{5.9}$$

で表す．

これに対して，$F(s)$ から $f(t)$ への変換

$$f(t) = \frac{1}{2\pi i} \int_{\sigma-i\infty}^{\sigma+i\infty} F(s) e^{st} ds \quad (t > 0)$$

を**ラプラス逆変換** (inverse Laplace transform) とよび，記号

$$f(t) = \mathcal{L}^{-1}[F(s)] \tag{5.10}$$

で表す．

$f(t)$ のラプラス変換は，このように $e^{-\sigma t} f(t)$ のフーリエ変換とみなすことができるので，$f(t) = 0$ $(t < 0)$ の制限が影響する場合を除けば，フーリエ変換の性質がそのまま適用できることに注意しよう．

さて，以上の考察に基づいて，まず，ラプラス変換が存在するための一つの十分条件を与えておく．

■ ラプラス変換の存在条件

関数 $f(t)$ $(0 < t < \infty)$ は，

(1) 任意の有限区間で区分的に連続で，
(2) ある $T > 0$ に対して $M > 0$, α が存在して，

$$|f(t)| \leq Me^{at} \quad (T \leq t < \infty)$$

が成立する.

このとき,
$$|f(t)e^{-\sigma t}| \leq Me^{-(\sigma-a)t}$$

となるので $\sigma > \alpha$ すなわち $\text{Re}\, s > \alpha$ ならば,$f(t)e^{-\sigma t}$ は絶対可積分となり,ラプラス変換が存在することがわかる.

存在条件 (2) を満たす関数は,**指数 α 位** (exponential order α) の関数とよばれる.また,存在条件 (2) を満たす実数 α の下限 α_0 をラプラス変換の**収束座標** (abscissa of convergence),半平面 $\text{Re}\, s > \alpha_0$ を**収束域** (domain of convergence) という.以下では,とくに断わらない限り,ラプラス変換される関数は,存在条件 (1), (2) を満たしているものとする.

例 5.1 次の初等関数のラプラス変換を求めよ.

(1) 1 (2) t (3) t^n (n:自然数) (4) e^{at}
(5) $\cos at$ (6) $\sin at$ (7) $\cosh at$ (8) $\sinh at$

【解】 (1) $\text{Re}\, s > 0$ のとき,
$$\mathcal{L}[1] = \int_0^\infty 1 \cdot e^{-st}dt = \left[-\frac{1}{s}e^{-st}\right]_0^\infty = -\frac{1}{s}\lim_{t \to \infty}e^{-st} + \frac{1}{s} = \frac{1}{s}$$

(2) $\text{Re}\, s > 0$ のとき,
$$\mathcal{L}[t] = \int_0^\infty t \cdot e^{-st}dt = \left[-\frac{1}{s}te^{-st}\right]_0^\infty + \frac{1}{s}\int_0^\infty e^{-st}dt$$
$$= -\frac{1}{s}\lim_{t \to \infty}te^{-st} + \frac{1}{s}\mathcal{L}[1] = \frac{1}{s^2}$$

(3) $\text{Re}\, s > 0$ のとき,
$$\mathcal{L}[t^n] = \int_0^\infty t^n \cdot e^{-st}dt = \left[-\frac{1}{s}t^n e^{-st}\right]_0^\infty + \frac{n}{s}\int_0^\infty t^{n-1}e^{-st}dt$$
$$= \frac{n}{s}\mathcal{L}[t^{n-1}]$$

となるので,(2) を考慮すれば,n に関する数学的帰納法より,
$$\mathcal{L}[t^n] = \frac{n!}{s^{n+1}}$$

が得られる.

(4) $\text{Re}\, s > a$ のとき,
$$\mathcal{L}[e^{at}] = \int_0^\infty e^{at} \cdot e^{-st}dt = \int_0^\infty e^{-(s-a)t}dt = \left[-\frac{1}{s-a}e^{-(s-a)t}\right]_0^\infty$$

$$= \frac{1}{s-a}$$

(5), (6) $\mathrm{Re}\, s > 0$ のとき，

$$\mathcal{L}[\cos at] = \int_0^\infty \cos at \cdot e^{-st} dt$$

$$= \left[-\frac{1}{s}e^{-st}\cos at\right]_0^\infty - \frac{a}{s}\int_0^\infty \sin at \cdot e^{-st} dt$$

$$= \frac{1}{s} - \frac{a}{s}\mathcal{L}[\sin at]$$

$$\mathcal{L}[\sin at] = \int_0^\infty \sin at \cdot e^{-st} dt$$

$$= \left[-\frac{1}{s}e^{-st}\sin at\right]_0^\infty + \frac{a}{s}\int_0^\infty \cos at \cdot e^{-st} dt$$

$$= \frac{a}{s}\mathcal{L}[\cos at]$$

となるので，これらの2式から $\mathcal{L}[\cos at]$ と $\mathcal{L}[\sin at]$ を求めると，

$$\mathcal{L}[\cos at] = \frac{s}{s^2+a^2}, \qquad \mathcal{L}[\sin at] = \frac{a}{s^2+a^2}$$

(7) $\mathrm{Re}\, s > |a|$ のとき，(4) を用いると，

$$\mathcal{L}[\cosh at] = \frac{1}{2}\{\mathcal{L}[e^{at}] + \mathcal{L}[e^{-at}]\} = \frac{1}{2}\left(\frac{1}{s-a} + \frac{1}{s+a}\right)$$

$$= \frac{s}{s^2-a^2}$$

(8) $\mathrm{Re}\, s > |a|$ のとき，(4) を用いると，

$$\mathcal{L}[\sinh at] = \frac{1}{2}\{\mathcal{L}[e^{at}] - \mathcal{L}[e^{-at}]\} = \frac{1}{2}\left(\frac{1}{s-a} - \frac{1}{s+a}\right)$$

$$= \frac{a}{s^2-a^2}$$

ここで，例 5.1 で求めた簡単な初等関数のラプラス変換の公式をまとめると，次のページの表 5.1 のようになる．

問 5.1 次の関数のラプラス変換を求めよ．
  (1) $e^{at}t^n$ (n：自然数)　　(2) $e^{at}\sin bt$　　(3) $e^{at}\cos bt$

問 5.2 $\mathcal{L}[t^\alpha] = \dfrac{\Gamma(\alpha+1)}{s^{\alpha+1}}$ ($\alpha > -1$, $\mathrm{Re}\, s > 0$) となることを示せ．ここで，

$$\Gamma(x) = \int_0^\infty e^{-t}t^{x-1}dt \quad (x>0)$$

は，**ガンマ関数** (Gamma function) とよばれるものである．

表 5.1 初等関数のラプラス変換

$f(t)$	$F(s)$	収束域
1	$\dfrac{1}{s}$	$\mathrm{Re}\,s > 0$
t	$\dfrac{1}{s^2}$	$\mathrm{Re}\,s > 0$
t^n (n：自然数)	$\dfrac{n!}{s^{n+1}}$	$\mathrm{Re}\,s > 0$
e^{at}	$\dfrac{1}{s-a}$	$\mathrm{Re}\,s > a$
$\cos at$	$\dfrac{s}{s^2+a^2}$	$\mathrm{Re}\,s > 0$
$\sin at$	$\dfrac{a}{s^2+a^2}$	$\mathrm{Re}\,s > 0$
$\cosh at$	$\dfrac{s}{s^2-a^2}$	$\mathrm{Re}\,s > |a|$
$\sinh at$	$\dfrac{a}{s^2-a^2}$	$\mathrm{Re}\,s > |a|$

5.2 ラプラス変換の性質

本節では，とくに断わらない限り，ラプラス変換される関数は，2.1 節の存在条件 (1), (2) を満たしているものとする．

まず，ラプラス変換の定義より，明らかに次の基本性質が成立する．

■ **線形性**：$\mathcal{L}[f(t)]$ ($\mathrm{Re}\,s > \alpha$), $\mathcal{L}[g(t)]$ ($\mathrm{Re}\,s > \beta$) が存在すれば，任意の定数 a, b に対して，

$$\mathcal{L}[a\,f(t) + b\,g(t)] = a\,\mathcal{L}[f(t)] + b\,\mathcal{L}[g(t)] \quad (\mathrm{Re}\,s > \max(\alpha,\,\beta)) \quad (5.11)$$

■ **相似性**：$\mathcal{L}[f(t)] = F(s)$ ($\mathrm{Re}\,s > \alpha$) が存在すれば，任意の定数 $a > 0$ に対して，

$$\mathcal{L}[f(at)] = \frac{1}{a} F\left(\frac{s}{a}\right) \quad (\mathrm{Re}\,s > a\alpha) \tag{5.12}$$

■ **(第 1)移動性**：$\mathcal{L}[f(t)] = F(s)$ ($\mathrm{Re}\,s > \alpha$) が存在すれば，

$$\mathcal{L}[e^{at}f(t)] = F(s-a) \quad (\mathrm{Re}\,(s-a) > \alpha) \tag{5.13}$$

問 5.3 ラプラス変換の基本性質の式 (5.11)〜(5.13) が成立することを示せ．

問 5.4 ラプラス変換の基本性質を用いて，問 5.1 の関数のラプラス変換を求めよ．

次に，応用上よく用いられるラプラス変換の重要な性質について調べてみよう．

5.2 ラプラス変換の性質

■ 導関数のラプラス変換

$f(t)$ が $0 < t < \infty$ で連続かつ指数 α 位の関数で，$\lim_{t \to +0} f(t) = f(+0)$ が存在し，しかも $f'(t)$ は $0 < t < \infty$ で区分的に連続であれば，

$$\mathcal{L}[f'(t)] = s\mathcal{L}[f(t)] - f(+0) \quad (\mathrm{Re}\, s > \alpha) \tag{5.14}$$

となる．実際，部分積分より，

$$\mathcal{L}[f'(t)] = \int_0^\infty f'(t)e^{-st}dt = \left[f(t)e^{-st}\right]_0^\infty + s\int_0^\infty f(t)e^{-st}dt$$

$$= \lim_{t \to \infty} f(t)e^{-st} - f(+0) + s\mathcal{L}[f(t)]$$

となるが，ここで，$|f(t)| \leq Me^{at}$ $(T \leq t < \infty)$ より，$\mathrm{Re}\, s > \alpha$ のとき，

$$\lim_{t \to \infty} |f(t)e^{-st}| \leq M \lim_{t \to \infty} e^{-(\mathrm{Re}\, s - \alpha)t} = 0$$

であることを考慮すれば，式 (5.14) が得られる．

同様に，部分積分を繰り返せば，$f^{(n)}(t)$ のラプラス変換に関する次の結果が得られる．

■ 高階の導関数のラプラス変換

$f(t), f'(t), \cdots, f^{(n-1)}(t)$ は，すべて $0 < t < \infty$ で連続かつ指数 α 位の関数で，

$$\lim_{t \to +0} f^{(i)}(t) \quad (i = 0, 1, \cdots, n-1)$$

が存在し，しかも $f^{(n)}(t)$ は $0 < t < \infty$ で区分的に連続であれば，

$$\mathcal{L}[f^{(n)}(t)] = s^n \mathcal{L}[f(t)] - s^{n-1} f(+0) - s^{n-2} f'(+0) - \cdots$$

$$- s f^{(n-2)}(+0) - f^{(n-1)}(+0) \quad (\mathrm{Re}\, s > \alpha) \tag{5.15}$$

問 5.5 導関数のラプラス変換の公式 (5.14), (5.15) を利用して，例 5.1 の (4)〜(6) の関数のラプラス変換を求めよ．

■ 不定積分のラプラス変換

$\mathcal{L}[f(t)] = F(s)$ $(\mathrm{Re}\, s > \alpha > 0)$ が存在すれば，

$$\mathcal{L}\left[\int_0^t f(\tau)d\tau\right] = \frac{1}{s}\mathcal{L}[f(t)] \quad (\mathrm{Re}\, s > \alpha > 0) \tag{5.16}$$

実際，

$$\mathcal{L}\left[\int_0^t f(\tau)d\tau\right] = \int_0^\infty \left[\int_0^t f(\tau)d\tau\right] e^{-st}dt$$

$$= \left[-\frac{e^{-st}}{s}\int_0^t f(\tau)d\tau\right]_0^\infty + \frac{1}{s}\int_0^\infty f(t)e^{-st}dt$$

$$= \frac{1}{s}\mathcal{L}[f(t)]$$

となることにより，式 (5.16) が導かれる．

問 5.6　■ ラプラス変換の微分

$\mathcal{L}[f(t)] = F(s)$　$(\mathrm{Re}\, s > \alpha)$ が存在すれば，
$$\frac{d^n F(s)}{ds^n} = \mathcal{L}[(-t)^n f(t)] \quad (\mathrm{Re}\, s > \alpha,\ n = 1, 2, \cdots)$$
となることを示せ．

問 5.7　■ ラプラス変換の積分

$\mathcal{L}[f(t)] = F(s)\ (s > \alpha)$ とする．
$$\lim_{t \to +0} \frac{f(t)}{t}$$
が存在すれば，
$$\int_s^\infty F(\sigma) d\sigma = \mathcal{L}\left[\frac{f(t)}{t}\right] \quad (s > \alpha)$$
となることを示せ．

■ 周期関数のラプラス変換

関数 $f(t)$ が周期 p の周期関数，すなわち任意の t に対して，$f(t+p) = f(t)\ (p > 0)$ を満たす関数であれば，
$$\mathcal{L}[f(t)] = \frac{1}{1 - e^{-ps}} \int_0^p f(t) e^{-st} dt \quad (\mathrm{Re}\, s > 0) \tag{5.17}$$

実際，
$$\mathcal{L}[f(t)] = \int_0^\infty f(t) e^{-st} dt = \sum_{n=0}^\infty \int_{np}^{(n+1)p} f(t) e^{-st} dt$$

の一般項に，$\tau = t - np$ なる変数変換を行い，$f(t)$ の周期性を用いると，
$$\int_{np}^{(n+1)p} f(t) e^{-st} dt = \int_0^p f(\tau + np) e^{-s(\tau + np)} d\tau$$
$$= e^{-nps} \int_0^p f(\tau) e^{-s\tau} d\tau$$

となるので，$\mathrm{Re}\, s > 0$ のとき $|e^{-ps}| = e^{-p\mathrm{Re}\, s} < 1$ であることを考慮すれば，
$$\mathcal{L}[f(t)] = \sum_{n=0}^\infty e^{-nps} \int_0^p f(t) e^{-st} dt = \frac{1}{1 - e^{-ps}} \int_0^p f(t) e^{-st} dt$$

が得られる．

問 5.8 次の周期 $2l$ $(l > 0)$ の周期関数のラプラス変換を求めよ．
$$f(t) = \begin{cases} 1 & (0 < t < l) \\ 0 & (l < t < 2l) \end{cases}$$

■ 合成積のラプラス変換

区間 $(0, \infty)$ で定義された 2 つの関数 $f(t)$ と $g(t)$ の**合成積** (convolution) $(f*g)(t)$ を，
$$(f*g)(t) = \int_0^t f(t-\tau)g(\tau)d\tau \tag{5.18}$$
で定義すると，明らかに，
$$f*g = g*f$$
である．

このとき，f, g のラプラス変換 $\mathcal{L}[f]$, $\mathcal{L}[g]$ が存在すれば，
$$\mathcal{L}[f*g] = \mathcal{L}[f]\mathcal{L}[g] \tag{5.19}$$

式 (5.19) は，
$$\mathcal{L}[f]\mathcal{L}[g] = \left(\int_0^\infty f(x)e^{-sx}dx\right)\left(\int_0^\infty g(y)e^{-sy}dy\right)$$
$$= \int_0^\infty \int_0^\infty e^{-s(x+y)}f(x)g(y)dx\,dy$$
において，$x + y = t$, $y = \tau$ なる変数変換を行うと，
$$x = t - \tau \geqq 0, \quad y = \tau \geqq 0$$
$$\frac{\partial(x,y)}{\partial(t,\tau)} = \begin{vmatrix} 1 & -1 \\ 0 & 1 \end{vmatrix} = 1$$
であることを考慮すれば，
$$\int_0^\infty \left\{ e^{-st} \int_0^t f(t-\tau)g(\tau)d\tau \right\} dt = \mathcal{L}[f*g]$$
となることより導かれる．

問 5.9 次の関数のラプラス変換を求めよ．

(1) $\displaystyle\int_0^t \sin a(t-\tau)\cos b\tau\,d\tau$ (2) $\displaystyle\int_0^t e^{-a(t-\tau)}\cosh b\tau\,d\tau$

■ 単位階段関数のラプラス変換

$$H(t) = \begin{cases} 1 & (t \geq 0) \\ 0 & (t < 0) \end{cases} \quad (5.20)$$

で定義される関数を**ヘビサイド** (Heaviside) の**単位階段関数** (unit step function) という (図 5.1 参照).

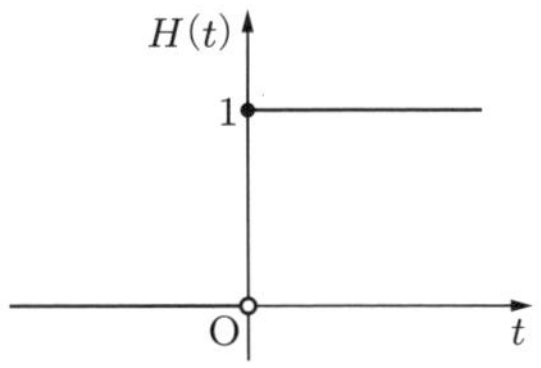

図 5.1 単位階段関数

任意の $a \geq 0$ に対して $H(t-a)$ のラプラス変換を求めると,

$$\mathcal{L}[H(t-a)] = \int_0^\infty H(t-a)e^{-st}dt = \int_0^a 0 \cdot e^{-st}dt + \int_a^\infty 1 \cdot e^{-st}dt$$

$$= \left[-\frac{e^{-st}}{s}\right]_a^\infty = \frac{e^{-as}}{s} \quad (\text{Re } s > 0)$$

すなわち,

$$\mathcal{L}[H(t-a)] = \frac{e^{-as}}{s} \quad (\text{Re } s > 0) \tag{5.21}$$

問 5.10 $f(t)\{H(t-a) - H(t-b)\}$ のグラフは,$f(t)$ のグラフを区間 $[a, b]$ に制限したものであることを確かめよ.

■ (第 2) 移動性:$\mathcal{L}[f(t)] = F(s)$ のとき,

$$\mathcal{L}[f(t-a)H(t-a)] = e^{-as}F(s) \quad (a \geq 0) \tag{5.22}$$

ここで,$f(t-a)H(t-a)$ のグラフは,$f(t)$ のグラフを右へ a だけ平行移動し,$0 < t < a$ では 0 とおいたグラフになっていることに注意しよう.

公式 (5.22) は,

$$\mathcal{L}[f(t-a)H(t-a)] = \int_0^\infty f(t-a)H(t-a)e^{-st}dt$$

$$= \int_0^\infty e^{-s(\tau+a)}f(\tau)H(\tau)d\tau$$

$$= e^{-sa}\int_0^\infty e^{-s\tau}f(\tau)d\tau = e^{-as}F(s)$$

より,ただちに導かれる.

問 5.11 次の関数のラプラス変換を求めよ.
(1) $\sin t\, H(t - 2\pi)$ \qquad (2) $\cos t\, H(t - \pi)$
(3) $(t-2)(t-1)\{H(t-2) - H(t-1)\}$

ラプラス変換が一致すれば，もとの関数も一致するのか，という疑問に答える次の**レルヒの定理** (Lerch's theorem) は，ラプラス逆変換に対する基本定理として重要である．

レルヒの定理 ラプラス逆変換の一意性

2つの関数 $f_1(t)$, $f_2(t)$ のラプラス変換 $\mathcal{L}[f_1]$, $\mathcal{L}[f_2]$ が存在して，
$$\mathcal{L}[f_1] = \mathcal{L}[f_2] \qquad (\operatorname{Re} s > \alpha \ (>0))$$
ならば，$f_1(t)$ と $f_2(t)$ は，それらの不連続点を除いて一致する．

（証明）* $g = f_1 - f_2$ とすれば，任意の $T > 0$ と $\beta > \alpha$ に対して，
$$\int_0^T e^{-st}g(t)dt$$
$$= \left[e^{-(s-\beta)t}\int_0^t e^{-\beta\tau}g(\tau)d\tau\right]_{t=0}^{t=T} + (s-\beta)\int_0^T e^{-(s-\beta)t}\left(\int_0^t e^{-\beta\tau}g(\tau)d\tau\right)dt$$
となる．ここで，$T \to \infty$ とすれば，仮定より左辺は 0 に近づく．また，
$$\left|\int_0^\infty e^{-\beta\tau}g(\tau)d\tau\right| \leq \int_0^\infty e^{-\beta\tau}(|f_1(\tau)| + |f_2(\tau)|)d\tau < \infty$$
であるので，右辺の第 1 項も 0 に近づく．したがって，
$$(s-\beta)\int_0^\infty e^{-(s-\beta)t}\left(\int_0^t e^{-\beta\tau}g(\tau)d\tau\right)dt = 0$$
が得られる．

この関係が任意の s $(\operatorname{Re} s > \beta > \alpha)$ に対して成立することより，
$$\int_0^t e^{-\beta\tau}g(\tau)d\tau \equiv 0 \quad (t > 0)$$
でなければならない．このことは，$g(t)$ の不連続点以外では，$g(t) = f_1(t) - f_2(t) = 0$ であることを意味する． ◀

この定理より，考察の対象を t の連続関数に限定すれば，ラプラス逆変換の一意性が保証されることがわかる．

5.3 関数方程式への応用

微分方程式のみならず，さまざまな定数係数の線形関数方程式が与えられたとき，その両辺にラプラス変換を施せば，s 空間でのより解きやすい簡単な方程式に変換される．

したがって，s 空間での解は，容易に求められるようになるので，その解をラプラス逆変換して，t 空間での解を求めるという機械的な操作により，もとの方程式を解くことが可能になる．

■ 定数係数線形常微分方程式

n 階定数係数線形常微分方程式

$$y^{(n)}(t) + a_1 y^{(n-1)}(t) + \cdots + a_n y(t) = f(t) \quad (t > 0) \tag{5.23}$$

を初期条件

$$y(0) = c_0, \quad y'(0) = c_1, \quad \cdots, \quad y^{(n-1)}(0) = c_{n-1}$$

のもとで解いてみよう．ここで，$a_1, \cdots, a_n$ は定数で，$f(t)$ は $t \geqq 0$ で定義された連続関数である．

導関数のラプラス変換の公式 (5.15) を用いて，式 (5.23) の両辺をラプラス変換すれば，

$$(s^n + a_1 s^{n-1} + \cdots + a_n) Y(s) = b_1 s^{n-1} + b_2 s^{n-2} + \cdots + b_n + F(s)$$

となる．ただし，

$$b_k = a_{k-1} c_0 + a_{k-2} c_1 + \cdots + a_0 c_{k-1} \quad (a_0 = 1, \ k = 1, \cdots, n)$$
$$Y(s) = \mathcal{L}[y(t)], \quad F(s) = \mathcal{L}[f(t)]$$

である．上式を $Y(s)$ について解けば，

$$Y(s) = \frac{b_1 s^{n-1} + b_2 s^{n-2} + \cdots + b_n}{s^n + a_1 s^{n-1} + \cdots + a_n} + \frac{F(s)}{s^n + a_1 s^{n-1} + \cdots + a_n} \tag{5.24}$$

を得る．したがって，式 (5.24) の両辺のラプラス逆変換を求めると，解 $y(t)$ ($t > 0$) が得られる．

ここで，式 (5.24) の右辺の第 1 項のような s の有理式のラプラス逆変換を求めるには，部分分数に分解し，初等関数のラプラス変換の表 5.1 やラプラス変換の性質を利用するのが，基本的な方針である．もう少し具体的に述べると，実数の範囲で有理式を部分分数に展開すれば，分数式の基本形

$$\frac{1}{(s-a)^l}, \quad \frac{1}{\{(s-a)^2 + b^2\}^l}, \quad \frac{s-a}{\{(s-a)^2 + b^2\}^l} \tag{5.25}$$

の 1 次結合で表されるので，表 5.1 やラプラス変換の性質を適当に組み合わせて，これらの逆変換を求めればよい．

たとえば，表 5.1 と (第 1) 移動性 (あるいは問 5.1) より，

$$\mathcal{L}^{-1}\left[\frac{1}{(s-a)^l}\right] = e^{at} \frac{t^{l-1}}{(l-1)!} \tag{5.26}$$

$$\mathcal{L}^{-1}\left[\frac{1}{(s-a)^2 + b^2}\right] = \frac{e^{at}}{b} \sin bt \quad (b \neq 0) \tag{5.27}$$

$$\mathcal{L}^{-1}\left[\frac{s-a}{(s-a)^2+b^2}\right] = e^{at}\cos bt \tag{5.28}$$

であることは容易にわかる．また，合成積のラプラス変換式 (5.19) を利用すれば，

$$\begin{aligned}
\frac{1}{(s^2+b^2)^2} &= \mathcal{L}\left[\frac{\sin bt}{b}\right]\mathcal{L}\left[\frac{\sin bt}{b}\right] \\
&= \mathcal{L}\left[\frac{1}{b^2}\int_0^t \sin b(t-\tau)\sin b\tau\,d\tau\right] \\
&= \mathcal{L}\left[\frac{1}{b^2}\int_0^t \frac{\cos b(t-2\tau)-\cos bt}{2}d\tau\right] \\
&= \mathcal{L}\left[\frac{1}{2b^2}\left(\frac{1}{b}\sin bt - t\cos bt\right)\right]
\end{aligned}$$

となるので，(第 1) 移動性より，次の結果が得られる．

$$\mathcal{L}^{-1}\left[\frac{1}{\{(s-a)^2+b^2\}^2}\right] = \frac{e^{at}}{2b^2}\left(\frac{1}{b}\sin bt - t\cos bt\right) \quad (b\neq 0) \tag{5.29}$$

さらに，

$$\mathcal{L}^{-1}\left[\frac{s-a}{\{(s-a)^2+b^2\}^2}\right] = \frac{e^{at}}{2b}t\sin\beta t \quad (b\neq 0) \tag{5.30}$$

が得られるので，このことを繰り返せば，形式的には分数式の基本形のラプラス逆変換が求められることがわかる．

例 5.2 次の微分方程式を解け．

(1) $y' + ay = b$, $y(0) = c$ (2) $y'' + \omega^2 y = f(t)$, $y(0) = \alpha$, $y'(0) = v$

【解】 (1) 両辺をラプラス変換すれば，

$$sY(s) - c + aY(s) = b/s$$

となるので，$Y(s)$ について解けば，

$$Y(s) = \frac{c}{s+a} + \frac{b}{s(s+a)} = \frac{c}{s+a} + \frac{b}{a}\left(\frac{1}{s} - \frac{1}{s+a}\right)$$

となる．表 5.1 より，ラプラス逆変換を求めると，

$$y(t) = ce^{-at} + \frac{b}{a}(1-e^{-at})$$

(2) 両辺をラプラス変換すれば，

$$s^2 Y(s) - s\alpha - v + \omega^2 Y(s) = F(s)$$

となるので，

$$Y(s) = \frac{\alpha s + v}{s^2 + \omega^2} + \frac{F(s)}{s^2 + \omega^2}$$
$$= \alpha \frac{s}{s^2 + \omega^2} + \frac{v}{\omega} \cdot \frac{\omega}{s^2 + \omega^2} + \frac{1}{\omega} \frac{\omega}{s^2 + \omega^2} F(s)$$

表 5.1 と公式 (5.19) を用いてラプラス逆変換を求めると，

$$y(t) = \alpha \cos \omega t + \frac{v}{\omega} \sin \omega t + \frac{1}{\omega} \int_0^t f(\tau) \sin \omega (t - \tau) d\tau$$

問 5.12 次の微分方程式を書け．
(1) $y' + ay = f(t), \quad y(0) = c$
(2) $y'' + \omega^2 y = 0, \quad y(0) = \alpha, \quad y'(0) = v$

■ 連立 1 階線形常微分方程式

連立 1 階線形常微分方程式

$$\left. \begin{array}{c} y_1'(t) + a_{11} y_1(t) + \cdots + a_{1n} y_n(t) = f_1(t) \\ \vdots \\ y_n'(t) + a_{n1} y_1(t) + \cdots + a_{nn} y_n(t) = f_n(t) \end{array} \right\} \tag{5.31}$$

の初期条件

$$y_1(0) = \alpha_1, \qquad y_2(0) = \alpha_2, \qquad \cdots, \qquad y_n(0) = \alpha_n$$

に対する解も，両辺をラプラス変換して得られる連立方程式

$$\left. \begin{array}{c} (a_{11} + s)Y_1(s) + \cdots + a_{1n} Y_n(s) = \alpha_1 + F_1(s) \\ \vdots \\ a_{n1} Y_1(s) + \cdots + (a_{nn} + s) Y_n(s) = \alpha_n + F_n(s) \end{array} \right\} \tag{5.32}$$

を $Y_1(s), \cdots, Y_n(s)$ について解き，その逆変換を求めることにより得られる．

例 5.3 次の連立方程式を解け．

$$\begin{cases} y' - y - z = e^t \\ z' + y - z = 0 \end{cases} \quad (y(0) = 0, \ z(0) = 1)$$

【解】 両辺をラプラス変換すれば，

$$\begin{cases} (s-1)Y(s) - Z(s) = 1/(s-1) \\ Y(s) + (s-1)Z(s) = 1 \end{cases}$$

となるので，$Y(s), Z(s)$ について解けば，

$$Y(s) = \frac{2}{(s-1)^2 + 1}$$

$$Z(s) = \frac{(s-1)^2 + 1}{((s-1)^2 + 1)(s-1)} = \frac{2(s-1)}{(s-1)^2 + 1} - \frac{1}{s-1}$$

となる．表 5.1 と第 1 移動性よりラプラス逆変換を求めると，

$$y(t) = 2e^t \sin t, \quad z(t) = e^t(2\cos t - 1)$$

問 5.13 次の連立微分方程式を解け．

(1) $\begin{cases} y' + z = f(t) \\ y + z' = 1 \end{cases}$ $(y(0) = 1,\ z(0) = 0)$

(2) $\begin{cases} y' + z = t \\ z' + y = e^t \end{cases}$ $(y(0) = z(0) = 0)$

■ 積分方程式

関数 $f(t)$, $k(t)$ が与えられたとき，未知関数 $x(t)$ に関する**合成型積分方程式** (integral equation of convolution type)

$$f(t) = x(t) - \lambda \int_0^t k(t-\tau)x(\tau)d\tau \tag{5.33}$$

は，合成積のラプラス変換の公式を用いて，容易に解くことができる．すなわち，式 (5.33) の両辺をラプラス変換して得られる式

$$F(s) = X(s) - \lambda K(s)X(s)$$

を，$X(s)$ について解けば，

$$X(s) = \frac{F(s)}{1 - \lambda K(s)}$$

となるので，この逆変換を求めればよい．

例 5.4 次の合成型積分方程式を解け．

$$1 = x(t) - \int_0^t (t-\tau)x(\tau)d\tau$$

【解】 両辺をラプラス変換すると，

$$\frac{1}{s} = X(s) - \frac{1}{s^2}X(s)$$

となるので，$X(s)$ について解けば，

$$X(s) = \frac{s}{s^2 - 1}$$

となる．表 5.1 よりラプラス逆変換を求めると，

$$x(t) = \cosh t$$

問 5.14 次の合成型積分方程式を書け.

(1) $1 = x(t) + \int_0^t e^{t-\tau} x(\tau) d\tau$

(2) $\cos 2t = x(t) + \int_0^t e^{t-\tau} x(\tau) d\tau$

(3) $\sin t = x(t) + 2\int_0^t \cos(t-\tau) x(\tau) d\tau$

演習問題 [5]

5.1 次の関数のラプラス変換を求めよ.
 (1) $\sin^3 at$ (2) $\cosh at \cos bt$ (3) $t^3 \sin at$
 (4) $t^2 H(t-a)$ $(a>0)$ (5) $\dfrac{1-\cos at}{t}$

5.2 次の関数のラプラス逆変換を求めよ.
 (1) $\dfrac{s}{(s^2+a^2)^2}$ (2) $\dfrac{s^2}{(s^2+a^2)^2}$ (3) $\dfrac{1}{(s-a)(s-b)(s-c)}$
 (4) $\dfrac{s}{s^4+a^4}$ (5) $\dfrac{s+c}{(s+a)^2(s+b)}$

5.3 次の公式を証明せよ.
 (1) $\mathcal{L}[\log t] = \dfrac{\Gamma'(1) - \log s}{s}$ (2) $\mathcal{L}[|\sin t|] = \dfrac{1}{s^2+1} \coth \dfrac{\pi s}{2}$
 (3) $\mathcal{L}[|\cos t|] = \dfrac{1}{s^2+1} \left(s + \dfrac{1}{\sinh(\pi s/2)} \right)$

5.4 誤差関数 (error function)
$$\mathrm{erf}\, t = \frac{2}{\sqrt{\pi}} \int_0^t e^{-u^2} du$$
に対して, 次の公式を証明せよ.
$$\mathcal{L}[\mathrm{erf}\sqrt{t}] = \frac{1}{s\sqrt{s+1}}$$

5.5 ディラック (Dirac) のデルタ関数 (delta function) $\delta(t)$ は, 形式的に,
$$\delta(t) = 0 \quad (t \neq 0), \qquad \int_{-\infty}^{\infty} \delta(t) dt = 1$$
で定義される. $\delta(t)$ は通常の意味の関数ではないが, たとえば,
$$\delta_n(t) = \begin{cases} n & (|t| \leqq 1/(2n)) \\ 0 & (|t| > 1/(2n)) \end{cases}$$
の $n \to \infty$ における極限関数と考えられる. このとき, 次の関係を証明せよ.
 (1) 任意の連続関数 $\varphi(t)$ に対して,
$$\int_{-\infty}^{\infty} \delta(t)\varphi(t) dt = \varphi(0), \qquad \int_{-\infty}^{\infty} \delta(t-\tau)\varphi(\tau) d\tau = \varphi(t)$$

(2) $\mathcal{L}[\delta(t)] = 1$

5.6 ラプラス変換を用いて，次の微分方程式を解け．
(1) $y' + ay = \sin \omega t, \qquad (y(0) = 0)$
(2) $y'' + \omega^2 y = Ae^{at}, \qquad (y(0) = y'(0) = 0)$
(3) $y'' + y' + y = f(t), \qquad (y(0) = y'(0) = 0)$
(4) $y'' + \omega^2 y = H(t-a), \quad (y(0) = y'(0) = 0) \quad (a > 0)$
(5) $ty'' - (1+t)y' + 2y = t - 1, \quad (y(0) = 0, \ y'(0) = 1)$

5.7 ラプラス変換を用いて，次の連立微分方程式を解け．
(1) $\begin{cases} y' + z' = t \\ y'' - z = e^{-t} \end{cases} \quad (y(0) = 3, \ y'(0) = -2, \ z(0) = 0)$

(2) $\begin{cases} x' + y' = 2z \\ y' + z' = 2x \\ z' + x' = 2y \end{cases} \quad (x(0) = \alpha, \ y(0) = \beta, \ z(0) = \gamma)$

(3) $\begin{cases} y'' - y - 3z = 0 \quad (y(0) = 2, \ y'(0) = 3) \\ z'' - 4y = -4e^t \quad (z(0) = 1, \ z'(0) = 2) \end{cases}$

5.8 ラプラス変換を用いて，次の積分方程式を解け．
(1) $2t = x(t) - \displaystyle\int_0^t \sin(t-\tau)x(\tau)d\tau$

(2) $2(\cos t + \sin t) = x(t) - \displaystyle\int_0^t (t-\tau)x(\tau)d\tau$

(3) $e^{-t} = x(t) + 2\displaystyle\int_0^t \cos(t-\tau)x(\tau)d\tau$

(4) $t = x(t) - \dfrac{1}{2}\displaystyle\int_0^t (t-\tau)^2 x(\tau)d\tau$

(5) $t^2 = x(t) + \dfrac{1}{6}\displaystyle\int_0^t (t-\tau)^3 x(\tau)d\tau$

5.9 ラプラス変換を用いて，次の積分微分方程式を解け．
(1) $x'(t) - \displaystyle\int_0^t \cos(t-\tau)x(\tau)d\tau = 0, \quad (x(0) = 1)$

(2) $x'(t) + \displaystyle\int_0^t x(\tau)d\tau = \cos t, \quad (x(0) = 0)$

(3) $x'(t) + x(t) + \displaystyle\int_0^t e^{t-\tau}x(\tau)d\tau = \sin t, \quad (x(0) = 0)$

(4) $x'(t) + \omega^2 \displaystyle\int_0^t \cosh \omega(t-\tau)x(\tau)d\tau = f(t), \quad (x(0) = 1)$

(5) $x'(t) - (a+b)x(t) + ab\displaystyle\int_0^t x(\tau)d\tau = e^{at}, \quad (x(0) = 0)$

第6章 偏微分方程式

6.1 2階線形偏微分方程式

2個の独立変数 x, y の未知関数 $z = z(x, y)$ とその偏導関数を1次の形で含む，

$$A\frac{\partial^2 z}{\partial x^2} + 2B\frac{\partial^2 z}{\partial x \partial y} + C\frac{\partial^2 z}{\partial y^2} + D\frac{\partial z}{\partial x} + E\frac{\partial z}{\partial y} + Fz + G = 0 \quad (6.1)$$

の形の方程式を，一般に 2 階線形**偏微分方程式** (partial differential equation) という．ここで，係数 A, B, C, D, E, F, G は，x, y の既知の関数である．とくに，$G(x, y) \equiv 0$ のとき，式 (6.1) は**同次** (homogeneous) であるという．

線形同次方程式の解については，**重ね合わせの原理** (principle of superposition) が成立することが容易にわかる．すなわち，z_1, z_2 を同次方程式の2つの任意の解とするとき，その1次結合

$$z = c_1 z_1 + c_2 z_2 \quad (c_1, c_2 \text{ は任意定数})$$

も，また解である．

問 6.1 2 階線形同次偏微分方程式に対して，重ね合わせの原理が成立することを確かめよ．

2 階線形偏微分方程式 (6.1) は，$B^2 - AC$ の符号によって，次のように分類される．

(1) $B^2 - AC > 0$ のとき **双曲型** (hyperbolic)
(2) $B^2 - AC = 0$ のとき **放物型** (parabolic)
(3) $B^2 - AC < 0$ のとき **楕円型** (elliptic)

この名称は，平面 2 次曲線

$$ax^2 + 2bxy + cy^2 + px + qy + r = 0$$

の分類に対応したものである．

例 6.1 $\dfrac{\partial^2 z}{\partial x \partial y} = 0$ を解け．

【解】 まず，この式を x について積分すると，
$$\frac{\partial z}{\partial y} = g(y) \quad (g(y) \text{ は } y \text{ の任意関数})$$
となる．さらに，y について積分すると，
$$z = \int g(y)dy + f_1(x) \quad (f_1(x) \text{ は } x \text{ の任意関数})$$
右辺の第1項は y の任意関数であるから，これを $f_2(y)$ と書くと，与えられた方程式の一般解は，
$$z(x, y) = f_1(x) + f_2(y) \quad (f_1(x), f_2(y) \text{ は任意関数})$$

問 6.2 $z_{xx} = 0$ を解け．

このように，偏微分方程式の一般解は，任意関数を含んだ形になるが，これは常微分方程式の一般解に任意定数が現れることに対応している．しかし，実際上の問題では，これらの任意定数の形を定める必要が生じる．そのためには，なんらかの付帯条件をおく必要があるが，その条件は次の2つに大別される．

(1) **初期条件** (initial condition)
独立変数に時間 t が含まれているとき，ある時刻における解の値や解の時間的変化率などをあらかじめ指定する．

(2) **境界条件** (bounday condition)
空間的領域に対して，その境界上での解の値や解の空間的変化率などをあらかじめ指定する．

これらの条件のもとで偏微分方程式を解くことを，一般に，**初期値・境界値問題** (initial–boundary value problem)，あるいは単に**境界値問題**という．

6.2 波動方程式

一様な線密度 (単位長さあたりの質量) ρ の弾性弦の微小振動について考えてみよう．

弦の静止位置を $u = 0$ とし，振動の変位は u 軸方向のみに起こるものとする．弦の任意の微小部分 $\overset{\frown}{\mathrm{PQ}}$ を考え，P, Q の x 座標を，それぞれ x, $x + \Delta x$ とする．点 P, Q での弦の張力を，それぞれ T_1, T_2 とし，それらが x 軸となす角を α, β とする (図 6.1 参照)．

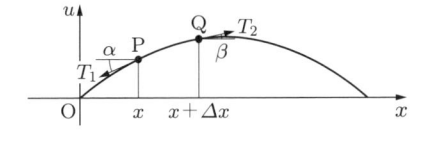

図 6.1 振動弦

このとき，x 軸方向には弦の運動はないので，P, Q における張力の x 軸方向の成分は等しい．すなわち，

$$T_1 \cos\alpha = T_2 \cos\beta = T \quad (\text{一定})$$

となる．一方，u 軸方向の成分は，それぞれ $-T_1 \sin\alpha$, $T_2 \sin\beta$ であるので，微小部分 $\widehat{PQ}$ の運動方程式は，

$$\rho \Delta x \frac{\partial^2 u}{\partial t^2} = T_2 \sin\beta - T_1 \sin\alpha$$

となり，この式の両辺を T で割り，上の関係式を考慮すれば，

$$\frac{\rho}{T} \Delta x \frac{\partial^2 u}{\partial t^2} = \tan\beta - \tan\alpha, \quad \tan\alpha = \left(\frac{\partial u}{\partial x}\right)_x, \quad \tan\beta = \left(\frac{\partial u}{\partial x}\right)_{x+\Delta x}$$

であるから，

$$\frac{\rho}{T} \cdot \frac{\partial^2 u}{\partial t^2} = \frac{1}{\Delta x}\left\{\left(\frac{\partial u}{\partial x}\right)_{x+\Delta x} - \left(\frac{\partial u}{\partial x}\right)_x\right\}$$

ここで，$T/\rho = c^2$ とおき $\Delta x \to 0$ とすれば，1 次元**波動方程式** (wave equation)

$$\frac{\partial^2 u}{\partial t^2} = c^2 \frac{\partial^2 u}{\partial x^2} \tag{6.2}$$

が得られる．この方程式は明らかに双曲型であることがわかる．

この波動方程式を解くために，

$$\xi = x - ct, \qquad \eta = x + ct \tag{6.3}$$

なる変数変換を施せば，式 (6.2) は，

$$\frac{\partial^2 u}{\partial \xi \partial \eta} = 0 \tag{6.4}$$

と表される．例 6.1 より式 (6.4) の一般解は $u = f_1(\xi) + f_2(\eta)$ となるので，これに式 (6.3) を代入すると，1 次元波動方程式 (6.2) の一般解

$$u(x,t) = f_1(x - ct) + f_2(x + ct) \tag{6.5}$$

が得られる．ここで，f_1, f_2 は，それぞれ $x - ct$, $x + ct$ の 2 回微分可能な関数である．式 (6.5) の形の解を**ダランベールの解** (D' Alembert's solution) という．

問 6.3 変数変換の式 (6.3) によって，式 (6.2) が式 (6.4) のように表されることを確かめよ．

さて，弦の両端が固定されており，しかも弦の各点での最初の時刻 $t = 0$ での初期の変位と初速度が与えられているものと仮定しよう．すなわち，$u(x,t)$ に単純な境界条件 (両端固定)

$$u(0,t) = 0, \quad u(l,t) = 0 \quad (t \geq 0) \tag{6.6}$$

と，一般的な初期条件

6.2 波動方程式

$$u(x,0) = f(x), \qquad \frac{\partial u}{\partial t}(x,0) = g(x) \quad (0 \leq x \leq l) \tag{6.7}$$

が与えられているものとする．ここで，$f(x)$, $g(x)$ は，与えられた既知の関数である．

このとき，1次元波動方程式 (6.2) に対するダランベールの解 (6.5) が，初期条件 (6.7) を満たすことより，

$$u(x,0) = f_1(x) + f_2(x) = f(x)$$

$$\frac{\partial u}{\partial t}(x,0) = -cf_1'(x) + cf_2'(x) = g(x)$$

が得られる．第2式を 0 から x まで積分すると，

$$-f_1(x) + f_2(x) = \frac{1}{c}\int_0^x g(y)dy + k \quad (k：任意定数)$$

となるので，これらの式から $f_1(x)$, $f_2(x)$ を求めると，

$$f_1(x) = \frac{1}{2}\left\{f(x) - \frac{1}{c}\int_0^x g(y)dy - k\right\}$$

$$f_2(x) = \frac{1}{2}\left\{f(x) + \frac{1}{c}\int_0^x g(y)dy + k\right\}$$

となる．したがって，初期条件の式 (6.7) を満たす式 (6.2) の解は，次のようになる．

$$u(x,t) = \frac{1}{2}\{f(x-ct) + f(x+ct)\} + \frac{1}{2c}\int_{x-ct}^{x+ct} g(y)dy \tag{6.8}$$

これを，**ストークスの波動公式** (Stokes' wave formula) という．

初期条件の式 (6.7) だけではなく，境界条件の式 (6.6) をも考慮した1次元波動方程式 (6.2) の解を，フーリエ級数を利用して求めてみよう．

まず，**変数分離法** (separation of variables) により，式 (6.2) の解が x だけの変数 $X(x)$ と，t だけの変数 $T(t)$ の積になっていると仮定して，

$$u(x,t) = X(x)T(t) \tag{6.9}$$

の形の変数分離解を求めてみよう．

式 (6.9) を式 (6.2) に代入し，両辺を $c^2 X(x)T(t)$ で割ると，

$$\frac{\ddot{T}(t)}{c^2 T(t)} = \frac{X''(x)}{X(x)} \tag{6.10}$$

となる．ここで，ドット " $\ddot{}$ " とダッシュ " $''$ " は，それぞれ t と x に関する微分を表す．

式 (6.10) の左辺は t だけの関数で，右辺は x だけの関数であるから，式 (6.10) は定数でなければならない．この定数を $-\lambda$ とおくと，次の2つの常微分方程式が得ら

れる．
$$X''(x) + \lambda X(x) = 0 \tag{6.11}$$
$$\ddot{T}(t) + \lambda c^2 T(t) = 0 \tag{6.12}$$

ここで，式 (6.9) が境界条件の式 (6.6) を満たすためには，
$$X(0) = X(l) = 0 \tag{6.13}$$
でなければならない．

式 (6.11) の一般解は，c_1, c_2 を任意定数として，

$\lambda > 0$ のとき $X(x) = c_1 \cos \sqrt{\lambda} x + c_2 \sin \sqrt{\lambda} x$

$\lambda = 0$ のとき $X(x) = c_1 x + c_2$

$\lambda < 0$ のとき $X(x) = c_1 e^{\sqrt{-\lambda} x} + c_2 e^{-\sqrt{-\lambda} x}$

となるが，$\lambda = 0$ と $\lambda < 0$ の場合には，ともに式 (6.13) より，$c_1 = c_2 = 0$ となり，自明な解 $X(x) \equiv 0$ が得られる．

$\lambda > 0$ のときは，式 (6.13) より，
$$c_1 = 0, \qquad c_2 \sin \sqrt{\lambda} l = 0$$
となるが，$c_2 \neq 0$ とすれば，
$$\sin \sqrt{\lambda} l = 0$$
である．$\lambda > 0$ であることに注意すれば，
$$\lambda = \left(\frac{n\pi}{l}\right)^2 \quad (n = 1, 2, \cdots) \tag{6.14}$$
となり，これから，境界値問題の式 (6.11)，(6.13) の自明でない解
$$X_n(x) = \sin \frac{n\pi}{l} x \quad (n = 1, 2, \cdots) \tag{6.15}$$
が得られる．

一方，式 (6.14) の λ の値に対して，式 (6.12) は，
$$\ddot{T}_n(t) + \left(\frac{n\pi c}{l}\right)^2 T_n(t) = 0$$
と表されるので，その一般解は，a_n, b_n を任意定数として，
$$T_n(t) = a_n \cos \frac{n\pi c}{l} t + b_n \sin \frac{n\pi c}{l} t \quad (n = 1, 2, \cdots) \tag{6.16}$$
となる．したがって，境界条件の式 (6.6) を満たす 1 次元波動方程式 (6.2) の解は，
$$u_n(x, t) = \left\{ a_n \cos \frac{n\pi c}{l} t + b_n \sin \frac{n\pi c}{l} t \right\} \sin \frac{n\pi}{l} x \quad (n = 1, 2, \cdots) \tag{6.17}$$

で与えられる．

次に，境界条件の式 (6.6) とともに，初期条件の式 (6.7) を満たす式 (6.2) の解を求めるために，式 (6.17) の重ね合わせを

$$u(x,t) = \sum_{n=1}^{\infty} \left\{ a_n \cos \frac{n\pi c}{l} t + b_n \sin \frac{n\pi c}{l} t \right\} \sin \frac{n\pi}{l} x \tag{6.18}$$

とおいてみよう．式 (6.18) の級数が収束し，しかも x, t に関して 2 回項別微分可能であれば，式 (6.18) の $u(x,t)$ は明らかに波動方程式 (6.2) の解で，境界条件も満たしている．そこで，式 (6.18) が初期条件の式 (6.7) を満たすように a_n, b_n を決定してみよう．式 (6.18) および式 (6.18) を t で微分した式において，$t = 0$ とおき，初期条件の式 (6.7) を用いると，

$$f(x) = \sum_{n=1}^{\infty} a_n \sin \frac{n\pi}{l} x \tag{6.19}$$

$$g(x) = \sum_{n=1}^{\infty} \frac{n\pi c}{l} b_n \sin \frac{n\pi}{l} x \tag{6.20}$$

となる．ここで，式 (6.19)，(6.20) は，それぞれ $f(x)$, $g(x)$ の半区間フーリエ正弦級数であることに注意すれば，

$$a_n = \frac{2}{l} \int_0^l f(x) \sin \frac{n\pi}{l} x \, dx, \qquad \frac{n\pi c}{l} b_n = \frac{2}{l} \int_0^l g(x) \sin \frac{n\pi}{l} x \, dx$$

が得られる．

以上の結果をまとめると，1 次元波動方程式 (6.2) の境界条件の式 (6.6) と初期条件の式 (6.7) を満たす解は，

$$\left. \begin{array}{l} u(x,t) = \sum_{n=1}^{\infty} \left\{ a_n \cos \frac{n\pi c}{l} t + b_n \sin \frac{n\pi c}{l} t \right\} \sin \frac{n\pi}{l} x \\[6pt] a_n = \dfrac{2}{l} \int_0^l f(x) \sin \dfrac{n\pi}{l} x \, dx \\[6pt] b_n = \dfrac{2}{n\pi c} \int_0^l g(x) \sin \dfrac{n\pi}{l} x \, dx \end{array} \right\} \quad (n = 1, 2, \cdots) \tag{6.21}$$

で与えられることがわかる．

問 6.4 $u_{tt} = c^2 u_{xx}$ を初期条件 $u(x,0) = x(l-x)$, $u_t(x,0) = 0$ および境界条件 $u(0,t) = 0$, $u(l,t) = 0$ のもとで解け．

次に，弦の長さが半無限の場合を考え，その静止位置を $u = 0$, $0 \leq x < \infty$, 初速度を 0 とし，さらに，弦は $x = 0$ で u 軸に沿って動かされるものとする．このとき，$u(x,t)$ に与えられた初期条件

$$u(x,0) = 0, \qquad \frac{\partial u}{\partial t}(x,0) = 0 \quad (0 \leq x < \infty) \tag{6.22}$$

と，境界条件

$$u(0,t) = p(t) \quad (t \geq 0) \tag{6.23}$$

を満たす 1 次元波動方程式 (6.2) の解を，ラプラス変換により求めてみよう．

t に関する $u(x,t)$ のラプラス変換を $U(x,s)$ と表し，式 (6.2) の両辺を t に関して形式的にラプラス変換すれば，

$$s^2 \mathcal{L}[u(x,t)] - su(x,0) - \frac{\partial u(x,0)}{\partial t} = c^2 \mathcal{L}\left[\frac{\partial^2 u(x,t)}{\partial x^2}\right] \tag{6.24}$$

となる．ここで，微分と積分の順序の交換が可能であれば，

$$\mathcal{L}\left[\frac{\partial^2 u(x,t)}{\partial x^2}\right] = \int_0^\infty \frac{\partial^2 u(x,t)}{\partial x^2} e^{-st} dt$$
$$= \frac{\partial^2}{\partial x^2} \int_0^\infty u(x,t) e^{-st} dt = \frac{\partial^2}{\partial x^2} U(x,s)$$

となるので，この結果と式 (6.22) を式 (6.24) に代入すれば，

$$\frac{\partial^2}{\partial x^2} U(x,s) - \frac{s^2}{c^2} U(x,s) = 0$$

となる．s をパラメータとみなせば，これは $U(x,s)$ に関する常微分方程式であるから，その一般解は，次のように表される．

$$U(x,s) = A(s) e^{sx/c} + B(s) e^{-sx/c}$$

$x \to \infty$ のとき $U(x,s)$ が有界であることを考慮すれば，$A(s) = 0$ でなければならないので，

$$U(x,s) = B(s) e^{-sx/c}$$

となる．$x = 0$ とおき，式 (6.23) をラプラス変換した式を用いると，

$$B(s) = \mathcal{L}[p(t)]$$

となるので，

$$U(x,s) = \mathcal{L}[p(t)] e^{-sx/c} \tag{6.25}$$

が得られる．この両辺のラプラス逆変換を求めると，第 2 移動性より，

$$u(x,t) = p\left(t - \frac{x}{c}\right) H\left(t - \frac{x}{c}\right) \tag{6.26}$$

という解が，形式的に導かれる．ただし，$H(t)$ はヘビサイドの単位階段関数である．ここで，$(t - x/c)$ のいかなる関数も，2 次の導関数をもつ限り，式 (6.2) の解である

ことと，式 (6.26) が初期条件の式 (6.22) と境界条件の式 (6.23) を満たすことは，容易に確かめられるので，式 (6.26) が与えられた問題の解であることがわかる．

問 6.5 ラプラス変換を用いて，波動方程式 $u_{tt} = c^2 u_x$ を初期条件 $u(x,0) = f(x)$，$u_t(x,0) = 0$ および境界条件 $u(0,t) = u(l,t) = 0$ のもとで解け．

6.3 熱伝導方程式

x 軸の正の方向に伸びた，線密度 ρ，比熱 c の細い線状の熱伝導体を考え，熱は x 軸方向のみに伝わるものとし，時刻 t における点 x の温度を $u(x,t)$ とする (図 6.2 参照)．

単位時間に単位断面を通過する熱量は，その断面における温度勾配 $u_x = \partial u / \partial x$ に比例するので，Δt 時間に点 x から点 $x + \Delta x$ までの微小部分 Δx に流れ込む熱量 ΔQ は，

$$\Delta Q = k\{u_x(x+\Delta x, t) - u_x(x, t)\}\Delta t$$

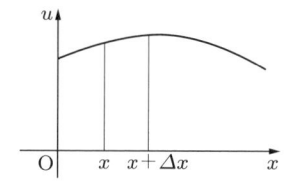

図 6.2 熱伝導体

で与えられる．

一方，微小部分 Δx の熱容量は $c\rho \Delta x$ であるから，この部分における Δt 時間の熱量の増加は，

$$c\rho\{u(x, t+\Delta t) - u(x, t)\}\Delta x$$

となる．

したがって，熱保存則より，

$$c\rho\{u(x, t+\Delta t) - u(x, t)\}\Delta x = k\{u_x(x+\Delta x, t) - u_x(x, t)\}\Delta t$$

であり，これより，

$$\frac{u(x, t+\Delta t) - u(x, t)}{\Delta t} = \frac{k}{c\rho} \frac{u_x(x+\Delta x, t) - u_x(x, t)}{\Delta x}$$

となるので，$k/(c\rho) = a^2$ とおき $\Delta t \to 0$，$\Delta x \to 0$ とすれば，1 次元**熱伝導方程式** (heat equation)

$$\frac{\partial u}{\partial t} = a^2 \frac{\partial^2 u}{\partial x^2} \quad \left(a^2 = \frac{k}{c\rho}\right) \tag{6.27}$$

が得られる．この方程式は明らかに放物型である．

問 6.6 熱伝導体が有限の長さ l の場合，1 次元熱伝導方程式

> $$\frac{\partial u}{\partial t} = a^2 \frac{\partial^2 u}{\partial x^2} \quad (0 \leq x \leq l)$$
>
> に対して，次の条件をおく．
>
> 境界条件 (等温条件)：$u(0,t) = u(l,t) = 0 \quad (t \geq 0)$
>
> 初期条件：$u(x,0) = f(x)$
>
> これらの条件は，熱伝導体の両端が一定温度 0 に保たれ，最初の温度分布が $f(x)$ であることを示している．ここで，
>
> $$u(x,t) = X(x)T(t)$$
>
> の形の変数分離解を求めて，その重ね合わせにフーリエ級数を適用すれば，
>
> $$u(x,t) = \sum_{n=1}^{\infty} \left(\frac{2}{l} \int_0^l f(x) \sin \frac{n\pi}{l} x \, dx \right) e^{-a^2 n^2 \pi^2 t/l^2} \sin \frac{n\pi}{l} x$$
>
> が得られることを示せ．

さて，細い線状の熱伝導体が両方向に無限に伸びている場合を考えてみよう．この場合，境界条件は陽には現れないが，物理的見地から，

$$u(x,t) \text{ は } -\infty < x < \infty \text{ で有界} \tag{6.28}$$

であると仮定する．このとき，1 次元熱伝導方程式 (6.22) の解で初期条件

$$u(x,0) = f(x) \quad (-\infty < x < \infty) \tag{6.29}$$

を満たす解を，フーリエ変換を用いて求めてみよう．

$u(x,t)$, $\partial^2 u(x,t)/\partial x^2$ を x の関数とみなして形式的にフーリエ変換すれば，

$$U(\lambda,t) = \mathcal{F}[u(x,t)] = \frac{1}{\sqrt{2\pi}} \int_{-\infty}^{\infty} u(x,t) e^{-i\lambda x} dx \tag{6.30}$$

$$\mathcal{F}\left[\frac{\partial^2 u(x,t)}{\partial x^2}\right] = (i\lambda)^2 U(\lambda,t) \tag{6.31}$$

であり，さらに，

$$\mathcal{F}\left[\frac{\partial u(x,t)}{\partial t}\right] = \frac{\partial}{\partial t} U(\lambda,t) \tag{6.32}$$

となる．

したがって，熱伝導方程式 (6.27) と初期条件の式 (6.29) をフーリエ変換すれば，$U(\lambda,t)$ に関する方程式

$$\frac{\partial}{\partial t} U(\lambda,t) = -a^2 \lambda^2 U(\lambda,t) \tag{6.33}$$

と，初期条件

$$U(\lambda,0) = F(\lambda) = \frac{1}{\sqrt{2\pi}} \int_{-\infty}^{\infty} f(x) e^{-i\lambda x} dx \tag{6.34}$$

が得られる．λ をパラメータとする t の関数 $U(\lambda,t)$ に関するこの常微分方程式の初期値問題を解くと，

$$U(\lambda,t) = F(\lambda)e^{-\lambda^2 a^2 t} \tag{6.35}$$

となるので，式 (6.35) の両辺をフーリエ逆変換すれば，

$$\begin{aligned}
u(x,t) &= \frac{1}{\sqrt{2\pi}} \int_{-\infty}^{\infty} F(\lambda) e^{-\lambda^2 a^2 t + i\lambda x} d\lambda \\
&= \frac{1}{(\sqrt{2\pi})^2} \int_{-\infty}^{\infty} \left\{ \int_{-\infty}^{\infty} f(y) e^{-i\lambda y} dy \right\} e^{-\lambda^2 a^2 t + i\lambda x} d\lambda \\
&= \frac{1}{2\pi} \int_{-\infty}^{\infty} \left\{ \int_{-\infty}^{\infty} e^{-\lambda^2 a^2 t + i\lambda(x-y)} d\lambda \right\} f(y) dy \\
&= \frac{1}{\pi} \int_{-\infty}^{\infty} \left\{ \int_{-\infty}^{\infty} e^{-\lambda^2 a^2 t} \cos \lambda(x-y) d\lambda \right\} f(y) dy \tag{6.36}
\end{aligned}$$

が得られる．

$f(x)$ が有限で連続関数であれば，このようにして得られた形式解が，確かに初期条件の式 (6.29) を満たす式 (6.22) の解であることが示されるが，ここではこれ以上ふれないことにする．

6.4 ラプラス方程式

数理物理学のいろいろな分野で現れる最も重要な楕円型偏微分方程式として，2次元および3次元の**ラプラス方程式** (Laplace's equation)

$$\Delta u \equiv \frac{\partial^2 u}{\partial x^2} + \frac{\partial^2 u}{\partial y^2} = 0 \quad (u = u(x,y)) \tag{6.37}$$

$$\Delta u \equiv \frac{\partial^2 u}{\partial x^2} + \frac{\partial^2 u}{\partial y^2} + \frac{\partial^2 u}{\partial z^2} = 0 \quad (u = u(x,y,z)) \tag{6.38}$$

がよく知られている．

2次元ラプラス方程式を満たす関数は，複素解析では調和関数であるとよばれている．数理物理学的には，ラプラス方程式は，熱伝導問題における定常温度分布や，非圧縮性流体の定常流などの時間に関係しない定常状態の記述に現れる．また，質量が存在しない点での重力ポテンシャルや電荷の分布しない点での静電ポテンシャルもラプラス方程式を満たすので，ラプラス方程式は，ポテンシャル方程式ともよばれる．

ラプラス方程式をある有界領域で考え，その境界上での関数の値を与えて解くという境界値問題は，一般に**ディリクレ問題** (Dirichlet's problem) とよばれている．

ディリクレ問題の一例として，xy 平面の長方形領域 $D = \{(x,y)|0 < x < a, 0 <$

$y < b\}$ で,2 次元ラプラス方程式を満たし,D の境界上で,境界条件

$$\left.\begin{array}{ll} u(x,0) = 0, & u(x,b) = 0 \quad (0 \leq x \leq a) \\ u(0,y) = f(y), & u(a,y) = 0 \quad (0 \leq y \leq b) \end{array}\right\} \tag{6.39}$$

を満たす解を変数分離法で求めてみよう.

変数分離解 $U(x,y) = X(x)Y(y)$ を仮定して,式 (6.37) に代入して,

$$\frac{X''(x)}{X(x)} = -\frac{Y''(y)}{Y(y)} = \lambda^2 \quad (\lambda > 0) \tag{6.40}$$

とおけば,次の 2 つの常微分方程式が得られる.

$$X''(x) - \lambda^2 X(x) = 0 \tag{6.41}$$

$$Y''(y) + \lambda^2 Y(y) = 0 \tag{6.42}$$

式 (6.41),(6.42) の一般解は,A,A',B,B' を任意定数として,

$$X(x) = Ae^{\lambda x} + A'e^{-\lambda x}$$

$$Y(y) = B \sin \lambda y + B' \cos \lambda y$$

となるが,境界条件より $Y(0) = Y(b) = 0$ であることを考慮すれば,

$$B' = 0, \qquad \sin \lambda b = 0$$

である.これより,

$$\lambda b = n\pi \quad \text{すなわち} \quad \lambda = \frac{n\pi}{b} \quad (n = 1, 2, \cdots) \tag{6.43}$$

となり,

$$Y_n(y) = B_n \sin \frac{n\pi y}{b}$$

が得られる.さらに,$X(a) = 0$ より,

$$A' = Ae^{2n\pi a/b}$$

となるので,

$$\begin{aligned} X_n(x) &= A_n \left(e^{n\pi x/b} - e^{n\pi(2a-x)/b} \right) \\ &= -2A_n e^{n\pi a/b} \sinh \frac{n\pi(a-x)}{b} \end{aligned} \tag{6.44}$$

が得られる.

あとは,重ね合わせの原理による解

$$u(x,y) = \sum_{n=1}^{\infty} \alpha_n \sinh \frac{n\pi(a-x)}{b} \sin \frac{n\pi y}{b} \tag{6.45}$$

が残りの境界条件

$$u(0,y) = \sum_{n=1}^{\infty} \alpha_n \sinh \frac{n\pi a}{b} \sin \frac{n\pi y}{b} = f(y) \tag{6.46}$$

を満たすように係数 α_n を決定すればよい．ここで，$f(y)$ が $[0, b]$ で半区間フーリエ正弦級数展開できるものとすれば，

$$f(y) = \sum_{n=1}^{\infty} \left(\frac{2}{b} \int_0^b f(\xi) \sin \frac{n\pi}{b} \xi \, d\xi \right) \sin \frac{n\pi}{b} y \tag{6.47}$$

となるので，式 (6.46) と比較すれば，

$$\alpha_n = \frac{2}{b \sinh(n\pi a/b)} \int_0^b f(\xi) \sin \frac{n\pi}{b} \xi \, d\xi \tag{6.48}$$

が得られる．したがって，式 (6.48) を式 (6.45) に代入すれば，求める解が得られる．

問 6.7 2 次元ラプラス方程式 $u_{xx} + u_{yy} = 0$ を境界条件 $u(x,0) = 0$, $u(x,b) = 0$, $u(0,y) = 0$, $u(a,y) = f(y)$ のもとで解け．

演習問題 [6]

6.1 ラプラス変換を用いて，1 次元波動方程式 $u_{tt} = c^2 u_{xx}$ を，境界条件 $u(0,t) = u(l,t) = 0$ および初期条件 $u(x,0) = 0$, $u_t(x,0) = \sin(\pi x/l)$ のもとで解け．

6.2 1 次元波動方程式 $u_{tt} = c^2 u_{xx}$ を，境界条件 $u(0,t) = 0$, $u_x(l,t) = 0$ および初期条件 $u(x,0) = f(x)$, $u_t(x,0) = g(x)$ のもとで解け．

6.3 1 次元熱伝導方程式 $u_t = a^2 u_{xx}$ を，境界条件 (断熱条件) $u_x(0,t) = u_x(l,t) = 0$ および初期条件 $u(x,0) = f(x)$ のもとで解け．

6.4 ラプラス変換を用いて，1 次元熱伝導方程式 $u_t = a^2 u_{xx}$ を，境界条件 $u(0,t) = \alpha$ および初期条件 $u(x,0) = 0$ のもとで解け．ただし，$u(x,t)$ は $x > 0$, $t > 0$ で有界であると仮定する．

6.5 2 次元ラプラス方程式 $u_{xx} + u_{yy} = 0$ $(0 < x < \pi, 0 < y < \pi)$ を，境界条件 $u(0,y) = u(\pi,y) = 0$ $(0 \leqq y \leqq \pi)$, $u(x,0) = \sin x, u(x,\pi) = \sin 2x$ $(0 \leqq x \leqq \pi)$ のもとで解け．

6.6 2 次元ラプラス方程式 $u_{xx} + u_{yy} = 0$ は，$x = r\cos\theta$, $y = r\sin\theta$ なる変数変換により極座標で表せば，

$$u_{rr} + \frac{1}{r} u_r + \frac{1}{r^2} u_{\theta\theta} = 0$$

となることを示せ．さらに，半径 a の円内で 2 次元ラプラス方程式を満たし，円周上で境界条件 $u(a,\theta) = f(\theta)$ $(0 \leqq \theta \leqq 2\pi)$ を満たす解を変数分離法で求めよ．

問と演習問題の解答

第 I 部 複素解析
第 1 章 正則関数

1.1 問 1.1〜問 1.3 は省略

1.2 問 1.4 原点を焦点とする放物線：$v^2 = 4a^2(a^2 - u)$, $v^2 = 4b^2(b^2 + u)$.

問 1.5 $|u(x,y) - u(x_0, y_0)|$, $|v(x,y) - v(x_0, y_0)| \leq |f(z) - f(z_0)| \leq$
$|u(x,y) - u(x_0, y_0)| + |v(x,y) - y(x_0, y_0)|$ より，ただちにわかる．

問 1.6，問 1.7 は省略

1.3 問 1.8 $z^2 + iC$

問 1.9 (1), (2) ともに正則でない．(3) 正則，$2(x + iy) = 2z$

問 1.10 は省略

1.4 問 1.11〜問 1.13 は省略

問 1.14 $z = n\pi + i\log_e(\sqrt{2} + (-1)^n)$ (n：整数)

1.5 問 1.15 は省略

問 1.16 (1) $z = -1$ (2) $z = \pm 1$ (3) $z = \pm 1$

問 1.17 は省略

演習問題 [1]

1.1 省略

1.2 一般の三角不等式 (1.13) より $|\sum \alpha_i \beta_i| \leq \sum |\alpha_i \beta_i| = \sum |\alpha_i||\beta_i|$ が得られる．

1.3 まず，$n \geq 0$ の場合を帰納法で示す．$n \leq 0$ の場合は $(\cos\theta + i\sin\theta)(\cos\theta - i\sin\theta) = 1$ に注意すればよい．

1.4 (1) 連続でない．(2), (3) ともに連続．

1.5 (1), (2) ともに至るところで微分不可能である．(3) $z = 0$ でのみ微分可能．

1.6 $u_r = \cos\theta u_x + \sin\theta u_y$, $u_\theta = -r\sin\theta u_x + r\cos\theta u_y$, $v_r = \cos\theta v_x + \sin\theta v_y$, $v_\theta = -r\sin\theta v_x + r\cos\theta v_y$ より導かれる．

1.7 $f_{\bar{z}} = f_x/2 - f_y/2i$ に $f = u + iv$ を代入すればよい．

1.8 左辺 $= 2[(u_x)^2 + (v_x)^2] + 2[(u_y)^2 + (v_y)^2] + 2u(u_{xx} + u_{yy}) + 2v(v_{xx} + v_{yy})$ となるので，式 (1.23), (1.24) を適用すればよい．

1.9 (1) $1/(z-i) + iC$ (2) $ze^z + iC$ (3) $\tan(z/2) + iC$

1.10 $-iz^3 + (i+1)C$

1.11 $x^2 + y^2 + Ax + By + C = 0$ に，$x = u/(u^2 + v^2)$, $y = -v/(u^2 + v^2)$ を代入すれば，$C(u^2 + v^2) + Au - Bv + 1 = 0$ となることより明らか．

1.12 (1) $z = (1/2)\log_e 2 + i(-\pi/4 + 2n\pi)$ (n：整数)
(2) $z = \pi/2 + 2n\pi \pm i\log_e(2 + \sqrt{3})$ (n：整数) (3) $z = (2n + 1/2)\pi i$ (n：整数)

1.13 三角関数の定義と三角不等式 (1.12) から導けばよい．

1.14 $\tanh z$ の定義と式 (1.43) から，ただちに得られる．

第 2 章 複素積分

2.1 問 2.1 $1 + 3i$

問と演習問題の解答　129

2.2　問 2.2　$z = x + i$ $(0 \leqq x \leqq 2)$ より $1 \leqq |z| \leqq \sqrt{5}$ となり，式 (2.11) より明らか．
　　　問 2.3　$(2 + 3i)\pi$
　　　問 2.4　(1) $-2/3 + i$　　(2) $(l - \cosh 2\pi)/2$
2.3　問 2.5〜問 2.7 は省略

演習問題 [2]

2.1　(1) $1 - i/3$　　(2) $-\pi i/2$　　(3) $20/3 + (25/6)i$　　(4) $e^{2+i} - e$
2.2　(1) -4π　　(2) 8
2.3　省略
2.4　(1) 与式の左辺は $\displaystyle\sum_{r=0}^{2n} {}_{2n}C_r \int_C z^{2n-2r-1} dz$ となる．ここで，$2n - 2r - 1 \neq -1$ すなわち $r \neq n$ のとき各項の積分は 0 で，$r = n$ のときは $2\pi i$ となることより導かれる．
　　　(2) $z = e^{i\theta}$ とおき，$z + 1/z = 2\cos\theta$，$dz/z = id\theta$ を代入すればよい．
2.5　$(fg)' = f'g + fg'$ において $(fg)'$ は正則で原始関数 fg をもつので，公式 (2.17) より導かれる．
2.6　(1) $(1+i)/3$　　(2) $1 + 2e^{-1} + \pi i$　　(3) $(\pi + (1/2)\sinh 2\pi)i$
　　　(4) $-(1+i)\cos(1+i) + \sin(1+i)$
2.7　(1) π　　(2) $2\pi i$　　(3) 0　　(4) $2\pi i(\sin(1/3) - \sin(1/4))$
2.8　(1) $2\pi i$　　(2) $(\pi i/4)(2\sin(1/2) - \cos(1/2))$　　(3) $2\pi i$　　(4) πi
2.9　C の内部の点 z に対して，$\displaystyle (f(z))^n = \frac{1}{2\pi i} \int_C \frac{(f(\zeta))^n}{\zeta - z} d\zeta$ (n：正の整数)
　　　$M = \max_{\zeta \in C} |f(\zeta)|$，$z$ と C の距離を d，C の長さを L とすれば，
$$|f(z)|^n \leqq (1/2\pi)(M^n L/d) \text{ すなわち } |f(z)| \leqq M(L/(2\pi d))^{1/n}$$
　　　となるので $n \to \infty$ とすれば $|f(z)| \leqq M$
2.10　z を中心とし，半径 r の円 C を円 $C_1 = \{z \mid |z| = R\}$ を内部に含むようにとれば，$\zeta \in C$ に対して $|f(\zeta)| < M|\zeta|^n \leqq M(|z| + r)^n$ となり，コーシーの評価式より，
$$|f^{(n+1)}(z)| \leqq \frac{(n+1)!}{r} M \left(1 + \frac{|z|}{r}\right)^n$$
　　　となるので，$r \to \infty$ とすれば，$f^{(n+1)}(z) = 0$ となる．
2.11　$f(z) = 0$ が根をもたないと仮定すれば，$1/f(z)$ は整関数となり，しかもリュービルの定理の仮定を満たすことが示されるので，$1/f(z)$ は定数となり矛盾．

第 3 章　複素関数の展開と留数

3.1　問 3.1　$|z| < 1$ のときは $|z - 0|^n = |z|^n \to 0$ $(n \to \infty)$，$|z| > 1$ のときは $|z^n| = |z|^n \to \infty$ $(n \to \infty)$．
　　　問 3.2　$S_n = 1 + z + \cdots + z^n = (1 - z^{n+1})/(1 - z)$ に，問 3.1 を適用せよ．
　　　問 3.3　$\displaystyle\sum_{n=1}^{\infty} (-1)^n (1/n)$ は収束するが，絶対収束しない．
　　　問 3.4　定理 3.7 は $|z_{p+1} + \cdots + z_q| \leqq |z_{p+1}| + \cdots + |z_q| \leqq a_{p+1} + \cdots + a_q$ より導かれる．定理 3.8 は $|z_2/z_1| < r, \cdots, |z_n/z_{n-1}| < r$ を辺々掛ければ，$|z_n| < r^{n-1}|z_1|$ となることより導かれる．
3.3　問 3.5 は省略
3.4　問 3.6　(1) $\displaystyle\sum_{n=1}^{\infty} z^{n-2}/n!$　　(2) $\displaystyle\sum_{n=0}^{\infty} \frac{(-1)^n}{(2n+1)!} \frac{1}{z^{2n}}$

問 3.7 (1) $\dfrac{1}{z-2} - \sum_{n=0}^{\infty}(-1)^n(z-2)^n$ (2) $\sum_{n=2}^{\infty}(-1)^n\dfrac{1}{(z-2)^n}$

3.5 問 3.8 (1) $\mathrm{Res}(\pm i) = 0$ (2) $\mathrm{Res}(1) = e^i(1+i)$

問 3.9 (1) 0 (2) $(e^2 + 3e^{-2})\pi/16$

3.6 問 3.10 (1) $2\pi/\sqrt{3}$ (2) $\pi/2$ (3) $7\pi/24\sqrt{3}$

問 3.11 (1) $\pi/2$ (2) $3\pi/16$ (3) $2\pi/3$

問 3.12 は省略

問 3.13 (1) π/e (2) $\dfrac{\pi}{\sqrt{2}} e^{-1/\sqrt{2}} \left(\sin\dfrac{1}{\sqrt{2}} + \cos\dfrac{1}{\sqrt{2}} \right)$

演習問題 [3]

3.1 (1) 絶対収束 (2) 発散 (3) 収束するが絶対収束しない (4) 絶対収束

3.2 $\mathrm{Re}\, z^2 = 2(\mathrm{Re}\, z)^2 - |z|^2$ を用いればよい.

3.3 $z_n = r_n(\cos\theta_n + i\sin\theta_n)$ とおけば, 仮定より $\cos\theta_n \geq \cos\theta > 0$ で,
$$0 < |z_n| = r_n = r_n \cos\theta_n \sec\theta_n \leq r_n \cos\theta_n \sec\theta = (\mathrm{Re}\, z_n)\sec\theta$$
となることより導かれる.

3.4 (1) 0 (2) ∞ (3) 1 (4) e

3.5 (1) $\sum_{n=0}^{\infty} \dfrac{(-1)^n}{2} \left\{ \dfrac{1}{(i+1)^{n+1}} + \dfrac{1}{(i-1)^{n+1}} \right\} (z-i)^n$ ($|z-i| < \sqrt{2}$)

(2) $\sum_{n=0}^{\infty} \dfrac{e^2}{n!} (z-2)^n$ ($|z| < \infty$)

(3) $\dfrac{1}{\sqrt{2}} \left\{ \sum_{n=0}^{\infty} \dfrac{(-1)^n}{(2n)!} \left(z - \dfrac{\pi}{4}\right)^{2n} + \sum_{n=0}^{\infty} \dfrac{(-1)^n}{(2n+1)!} \left(z - \dfrac{\pi}{4}\right)^{2n+1} \right\}$
$(|z - \pi/4| < \infty)$

(4) $\dfrac{1}{2} \sum_{n=0}^{\infty} (e^{-\pi} + (-1)^n e^{\pi}) \dfrac{i^n(z-\pi i)^n}{n!}$ ($|z - \pi i| < \infty$)

3.6 たとえば (1) は, e^{z_1} と e^{z_2} の展開式を掛けて, z_1, z_2 に関する n 次の項の和を変形すれば $(z_1 + z_2)^n/n!$ となることより示される.

3.7 (1) (i) $-\dfrac{1}{z} - \sum_{n=0}^{\infty} z^n$ (ii) $\dfrac{1}{z-1} - \sum_{n=0}^{\infty}(-1)^n(z-1)^n$ (iii) $\sum_{n=0}^{\infty} \dfrac{1}{z^{n+2}}$

(2) (i) $\dfrac{1}{12} \sum_{n=0}^{\infty} \left\{ 3(-i)^n + \left(\dfrac{i}{3}\right)^n \right\} z^n$ (ii) $-\dfrac{1}{4} \sum_{n=1}^{\infty} \dfrac{i^n}{z^n} + \dfrac{1}{12} \sum_{n=0}^{\infty} \left(\dfrac{i}{3}\right)^n z^n$

(iii) $-\dfrac{1}{4} \sum_{n=0}^{\infty} \{i^n - (-3i)^n\} \dfrac{1}{z^{n+1}}$

(3) (i) $\sum_{n=0}^{\infty} \dfrac{2n+1}{(z-1)^{n+2}}$ (ii) $\dfrac{2}{(z-2)^2} + \sum_{n=1}^{\infty}(-1)^n(z-2)^{n-2}$

(iii) $\dfrac{1}{(z-2)^2} + \sum_{n=0}^{\infty}(-1)^n \dfrac{1}{(z-2)^{n+3}}$

3.8 $|z| < |\alpha|$ では $f(z) = \dfrac{1}{\alpha - \beta} \sum_{n=0}^{\infty} \left(\dfrac{1}{\beta^{n+1}} - \dfrac{1}{\alpha^{n+1}} \right) z^n$ (テイラー展開)

$|\alpha| < |z| < |\beta|$ では $f(z) = \dfrac{1}{\beta - \alpha} \left(\sum_{n=1}^{\infty} \dfrac{\alpha^{n-1}}{z^n} + \sum_{n=0}^{\infty} \dfrac{z^n}{\beta^{n+1}} \right)$

$|\beta| < |z|$ では $f(z) = \dfrac{1}{\alpha - \beta} \sum_{n=0}^{\infty} \dfrac{\alpha^n - \beta^n}{z^{n+1}}$

3.9 $\lim_{z \to 0} \dfrac{z}{e^z - 1} = 1$ より, $z = 0$ は除去可能な特異点.

$B_0 = f(0) = 1$ は明らか．両辺に $e^z - 1 = \sum_{n=1}^{\infty} \dfrac{z^n}{n!}$ を掛け，z^2 の係数を比較すれば，$B_1 = -1/2$．

$f(z) - B_1 z = \dfrac{z}{2} \cdot \dfrac{e^z + 1}{e^z - 1} = \dfrac{z}{2} \coth \dfrac{z}{2}$ は偶関数となることより，$B_{2n+1} = 0 (n \geq 1)$ が得られる．

3.10 3.9 を利用すればよい．たとえば，(1) は，

$$\cot z = i + \dfrac{1}{z} \cdot \dfrac{2iz}{e^{2iz} - 1} = i + \dfrac{1}{z} \sum_{n=0}^{\infty} \dfrac{B_n}{n!} (2iz)^n$$

より導かれる．

3.11 (1) $\operatorname{Res}(\pm 2i) = \pm 1/32$ (2) $\operatorname{Res}(m\pi) = e^{m\pi}$ (m：整数)
(3) $\operatorname{Res}(0) = -7/64$，$\operatorname{Res}(-4) = -(1/64)\cos 4$
(4) $\operatorname{Res}\left(\dfrac{a}{\sqrt{2}}(1 \pm i)\right) = -\dfrac{\sqrt{2}}{8a^3}(1 \pm i)e^{ab(i \mp 1)/\sqrt{2}}$

$\operatorname{Res}\left(-\dfrac{a}{\sqrt{2}}(1 \pm i)\right) = \dfrac{\sqrt{2}}{8a^3}(1 \pm i)e^{-ab(i \mp 1)/\sqrt{2}}$

3.12 (1) $-\pi i/4$ (2) $(e^2 - 2e)\pi i$ (3) $\pi i/3$ (4) $-\pi i$ (5) 0
(6) $-2i(e^{1/2} - e^{-1/2})$

3.13 (1) $2\pi/\sqrt{a^2 - b^2}$ (2) $2\pi a/(a^2 - b^2)^{3/2}$ (3) $2\pi/(1 - a^2)$ (4) $2\pi/ab$

3.14 (1) $2\pi/3$ (2) $\pi/(2ab(a+b))$ (3) $\pi/(2\sqrt{2}a^3)$ (4) $\pi/(8a^3)$

3.15 (1) πe^{-ab} (2) $\{\pi/(\sqrt{2}a^3 e^{ab/\sqrt{2}})\}\{\sin(ab/\sqrt{2}) + \cos(ab/\sqrt{2})\}$
(3) $\pi(1 + ab)/(2a^3 e^{ab})$ (4) $(\pi/\sqrt{2}a)e^{-ab/\sqrt{2}}\{\cos(ab/\sqrt{2}) - \sin(ab/\sqrt{2})\}$

第II部 フーリエ解析・ラプラス変換

第4章 フーリエ解析

4.1 問 4.1〜4.7 は省略

問 4.8 $\dfrac{e^\pi - e^{-\pi}}{2\pi} \sum_{n=-\infty}^{\infty} (-1)^n \dfrac{1}{1 + in} e^{inx}$

問 4.9 $f(x) = \dfrac{4}{\pi}\left(\sin\dfrac{\pi x}{2} + \dfrac{1}{3}\sin\dfrac{3\pi x}{2} + \dfrac{1}{5}\sin\dfrac{5\pi x}{2} + \cdots\right)$, $f(x) = 1$

4.2 問 4.10，問 4.11 は省略

問 4.12 $\displaystyle\int_a^b f(x) \cos nx\, dx + i \int_a^b f(x) \sin nx\, dx \to 0$ $(n \to \infty)$ より明らか．

4.3 問 4.13 (1) 補題 4.2 の $D_n(t)$ を代入すればよい． (2) (1) の両辺を直接積分すればよい．

問 4.14 補題 4.3 の $S_n(x)$ を代入すればよい．

問 4.15 $x = \pi/2$ とおけばよい．

問 4.16 任意の実パラメータ t に対して $0 \leq (\boldsymbol{a} + t\boldsymbol{b}, \boldsymbol{a} + t\boldsymbol{b}) = \|\boldsymbol{a}\|^2 + 2t(\boldsymbol{a}, \boldsymbol{b}) + t^2\|\boldsymbol{b}\|$ となるので，右辺の t の 2 次式の判別式が正にならないことより導かれる．

問 4.17 $S_n(0) = \dfrac{2}{\pi}\displaystyle\int_0^\pi \dfrac{\sin(n + 1/2)t}{t} dt = \dfrac{2}{\pi}\int_0^{(n+1/2)\pi} \dfrac{\sin x}{x} dx$ において，$n \to \infty$ とすればよい．

4.4 問 4.18 (1) 問 4.5 の式を項別積分して，[例 4.6] の結果を用いればよい． (2) (1) をさらに項別積分すればよい．

問 4.19 問 4.7 の式で $l=\pi$ とおき, パーセバルの等式を用いれば $\dfrac{2\pi^3}{3}=\pi\sum_{n=1}^{\infty}\dfrac{4}{n^2}$ となることにより導かれる.

問 4.20 は省略

4.5 問 4.21 は省略

4.6 問 4.22 $f(x)=\dfrac{2}{\pi}\displaystyle\int_0^\infty \dfrac{\sin u\pi}{1-u^2}\sin ux\,du$

4.7 問 4.23 $F(u)=-\sqrt{2/\pi}\{2(u\cos u-\sin u)/u^3\}$

問 4.24 $F(u)=\sqrt{2/\pi}\,a/(u^2+a^2)$

問 4.25, 問 4.26 は省略

問 4.27 (1) $f(x)=(4/\pi)^{1/4}e^{-2x^2}$ (2) $f(x)=\begin{cases}0 & (x<0)\\ 2xe^{-x} & (x>0)\end{cases}$

問 4.28 $f(x)=e^{-x}$ とすれば, 問 4.24 より $F(u)=\sqrt{2/\pi}/(u^2+1)$ であるから, パーセバルの等式より, 次式となることより導かれる.

$$\dfrac{2}{\pi}\int_0^\infty \dfrac{1}{(u^2+1)^2}du=\int_0^\infty e^{-2x}dx=\dfrac{1}{2}$$

演習問題 [4]

4.1 (1) $\dfrac{2a\sin a\pi}{\pi}\left(\dfrac{1}{2a^2}+\displaystyle\sum_{n=1}^{\infty}\dfrac{(-1)^n}{a^2-n^2}\cos nx\right)$ (2) $\dfrac{8}{\pi}\displaystyle\sum_{m=0}^{\infty}\dfrac{1}{(2m+1)^3}\sin(2m+1)x$

(3) $1-\dfrac{\cos x}{2}-2\displaystyle\sum_{n=2}^{\infty}\dfrac{(-1)^n}{n^2-1}\cos nx$

(4) $\dfrac{3}{4}-\dfrac{2}{\pi^2}\displaystyle\sum_{n=1}^{\infty}\dfrac{\cos(2n-1)\pi x}{(2n-1)^2}-\dfrac{1}{\pi}\displaystyle\sum_{n=1}^{\infty}\dfrac{\sin n\pi x}{n}$ (5) $\dfrac{1}{2}+\dfrac{4}{\pi^2}\displaystyle\sum_{n=1}^{\infty}\dfrac{\cos(2n-1)\pi x}{(2n-1)^2}$

4.2 (1) $\dfrac{4}{3}+\dfrac{8}{\pi^2}\displaystyle\sum_{\substack{n=-\infty\\ n\ne 0}}^{\infty}\dfrac{(-1)^n}{n^2}e^{i(n\pi/2)x}$ (2) $\displaystyle\sum_{n=-\infty}^{\infty}\dfrac{2(-1)^{n+1}}{\pi(4n^2-1)}e^{inx}$

4.3 (1) $\dfrac{l}{2}+\displaystyle\sum_{n=1}^{\infty}\dfrac{2l}{n^2\pi^2}\{(-1)^n-1\}\cos\dfrac{n\pi}{l}x,\ \dfrac{2l}{\pi}\displaystyle\sum_{n=1}^{\infty}\dfrac{(-1)^{n+1}}{n}\sin\dfrac{n\pi}{l}x$

(2) $\dfrac{2}{\pi}-\dfrac{4}{\pi}\displaystyle\sum_{n=1}^{\infty}\dfrac{\cos 2n\pi}{4n^2-1},\ \sin x$ (3) $\cos x,\ \dfrac{8}{\pi}\displaystyle\sum_{n=1}^{\infty}\dfrac{n\sin 2nx}{4n^2-1}$

(4) $\dfrac{2}{\pi}+\cos x-\dfrac{2}{\pi}\displaystyle\sum_{n=2}^{\infty}\dfrac{1+(-1)^n}{n^2-1}\cos nx,\ \sin x+\dfrac{2}{\pi}\displaystyle\sum_{n=2}^{\infty}\dfrac{\{1+(-1)^n\}n}{n^2-1}\sin nx$

(5) $\dfrac{1}{\alpha\pi}(e^{\alpha\pi}-1)+\dfrac{2}{\pi}\displaystyle\sum_{n=1}^{\infty}\dfrac{(-1)^n e^{\alpha\pi}-1}{\alpha^2+n^2}\alpha\cos nx,$

$\dfrac{2}{\pi}\displaystyle\sum_{n=1}^{\infty}\dfrac{n\{1+(-1)^{n-1}e^{\alpha x}\}}{\alpha^2+n^2}\sin nx$

4.4 $h(x)$ のフーリエ級数を変形すれば導かれる.

4.5 (1) 演習問題 4.1 の (1) のフーリエ級数において $x=\pi$ とおき, $\sin a\pi$ で割り a を x とおきなおせばよい.

(2) $0\leqq x\leqq r<1$ のとき (1) は項別積分できるので, π を掛けて項別積分すれば,

$$\log\dfrac{\sin\pi x}{\pi x}=\lim_{n\to\infty}\prod_{k=1}^{n}\left(1-\dfrac{x^2}{k^2}\right)=\log\prod_{n=1}^{\infty}\left(1-\dfrac{x^2}{n^2}\right)$$

(3) (2) で $x = 1/2$ とおけばよい.
4.6 (1) 演習問題 4.1 の (3) のフーリエ級数を項別積分すればよい.
(2) パーセバルの等式を適用すればよい.
4.7 問 4.13, 問 4.14 より, $\sigma_n(x) - f(x) = \dfrac{1}{\pi}\displaystyle\int_{-\pi}^{\pi}\{f(x+t) - f(x)\}F_n(t)dt$

$f(x)$ は区間 $[-\pi, \pi]$ で一様連続になるので, 任意の $\varepsilon > 0$ に対して, x に無関係に $|t| < \delta$ のとき $|f(x+t) - f(x)| < \varepsilon$ となる δ が定められる. この δ を用いて積分を $\displaystyle\int_{-\pi}^{\pi} = \int_{-\pi}^{-\delta} + \int_{-\delta}^{\delta} + \int_{\delta}^{\pi}$ に分け, $|\sigma_n(x) - f(x)| < \varepsilon + 2M/\{(n+1)\sin^2(\delta/2)\}$ を示せばよい.

4.8 変数 x に 1 次変換を施せば $[a, b]$ は $(-\pi, \pi)$ に含まれるようにできるので, $-\pi < a < b < \pi$ として証明すればよい. 定義域を延長して $f(-\pi) = f(\pi)$ とすれば, フェイェールの定理より, $n > N$ のとき $|f(x) - \sigma_n(x)| < \varepsilon/2$. また, $\sigma_n(x)$ のテイラー展開の第 m 項までの部分和を $P_{mn}(x)$ とすれば, $m > M$ のとき $|\sigma_n - P_{mn}(x)| < \varepsilon/2$. これらの 2 つの不等式から定理が示される.

4.9 ワイヤストラスの近似定理を利用すればよい.

4.10 (1) の右辺 $= \|f\|^2 - \sum(f, \varphi_j)^2 + \sum\{c_j - (f, \varphi_i)\}^2$ となることより導かれる.

4.11 (1) $F(u) = (1/\sqrt{2\pi})(-4aui)/(u^2 + a^2)^2$ (2) $F(u) = (1/\sqrt{2\pi})(\sin u\varepsilon)/u\varepsilon$
(3) $F(u) = \dfrac{a}{\sqrt{2\pi}}\left(\dfrac{\sin(au/2)}{au/2}\right)^2$

4.12 (1) $F_c(u) = \sqrt{2/\pi}(au\sin au + \cos au - 1)/u^2,\ F_s(u) = \sqrt{2/\pi}(\sin au - au\cos au)/u^2$
(2) $F_c(u) = \sqrt{2/\pi}a/(u^2 + a^2),\ F_s(u) = \sqrt{2/\pi}u/(u^2 + a^2)$
(3) $F_c(u) = \sqrt{2/\pi}(u^2 + 2)/(u^4 + 4),\ F_s(u) = \sqrt{2/\pi}u^3/(u^4 + 4)$

4.13 (1) $\pi/2$ (2) $\pi e^{-a}/2a$ (3) $\pi/2$

4.14 $\cos bx,\ \sin bx$ を指数関数で表し, $ax = t$ なる変数変換を施せばよい.

4.15 (1) $2(1 - \cos x)/\pi x^2$ (2) $(b-a)a/[b\pi\{x^2 + (b-a)^2\}]$

第 5 章 ラプラス変換

5.1 問 5.1 (1) $n!/(s-a)^{n+1}$ (2) $b/\{(s-a)^2 + b^2\}$ (3) $(s-a)/\{(s-a)^2 + b^2\}$

問 5.2 $\displaystyle\int_0^{\infty} e^{-st} \cdot t^{\alpha}dt = \int_0^{\infty} e^{-x}\dfrac{x^{\alpha}}{s^{\alpha}}\dfrac{dx}{s} = \dfrac{1}{s^{\alpha+1}}\int_0^{\infty} e^{-x}x^{\alpha}dx = \dfrac{\Gamma(\alpha+1)}{s^{\alpha+1}}$

5.2 問 5.3〜問 5.5 は省略

問 5.6 $\dfrac{dF(s)}{ds} = \displaystyle\int_0^{\infty}\dfrac{\partial}{\partial s}\{e^{-st}f(t)\}dt = \int_0^{\infty} e^{-st}\{-tf(t)\}dt = \mathcal{L}[-tf(t)]$ を繰り返せばよい.

問 5.7 $\displaystyle\int_s^{\infty} F(\sigma)d\sigma = \int_s^{\infty}d\sigma\int_0^{\infty}e^{-\sigma t}f(t)dt = \int_0^{\infty}f(t)dt\int_s^{\infty}e^{-\sigma t}d\sigma$
$= \displaystyle\int_0^{\infty}f(t)\left[-\dfrac{e^{-\sigma t}}{t}\right]_s^{\infty}dt = \int_0^{\infty}\dfrac{f(t)}{t}e^{-st}dt = \mathcal{L}\left[\dfrac{f(t)}{t}\right]$

問 5.8 $(1 - e^{-sl})/\{s(1 - e^{-2sl})\}$

問 5.9 (1) $\dfrac{a}{s^2 + a^2}\cdot\dfrac{s}{s^2 + b^2}$ (2) $\dfrac{s}{(s+a)(s^2 - b^2)}$

問 5.10 は省略

問 5.11 (1) $e^{-2\pi s}/(s^2 + 1)$ (2) $-se^{-\pi s}/(s^2 + 1)$
(3) $\{(2+s)e^{-2s} - (2-s)e^{-s}\}/s^3$

5.3 問 5.12 (1) $ce^{-at} + \int_0^t f(\tau)e^{-a(t-\tau)}d\tau$ (2) $\alpha\cos\omega t + (v\sin\omega t)/\omega$

問 5.13 (1) $y = 1 + \int_0^t f(\tau)\cosh(t-\tau)d\tau,\quad z = -\int_0^t f(\tau)\sinh(t-\tau)d\tau$

(2) $y = -1 + e^{-t}/4 + 3e^t/4 - te^t/2,\quad z = t + e^{-t}/4 - e^t/4 + te^t/2$

問 5.14 (1) $1 - t$ (2) $\cos 2t - (\sin 2t)/2$ (3) te^{-t}

演習問題 [5]

5.1 (1) $\dfrac{6a^3}{(s^2+a^2)(s^2+9a^2)}$ (2) $\dfrac{1}{2}\left(\dfrac{s-a}{(s-a)^2+b^2} + \dfrac{s+a}{(s+a)^2+b^2}\right)$

(3) $\dfrac{24as}{(s^2+a^2)^3} - \dfrac{48a^3s}{(s^2+a^2)^4}$ (4) $e^{-as}\left(\dfrac{2}{s^3} + 2a\dfrac{1}{s^2} + a^2\dfrac{1}{s}\right)$

(5) $\dfrac{1}{2}\log\dfrac{s^2+a^2}{s^2}$

5.2 (1) $\dfrac{t}{2a}\sin at$ (2) $\dfrac{t}{2}\cos at + \dfrac{1}{2a}\sin at$

(3) $\dfrac{e^{at}}{(b-a)(c-a)} + \dfrac{e^{bt}}{(a-b)(c-b)} + \dfrac{e^{ct}}{(a-c)(b-c)}$

(4) $\dfrac{1}{a^2}\sin\dfrac{at}{\sqrt{2}}\sinh\dfrac{at}{\sqrt{2}}$ (5) $\dfrac{(b-c)}{(b-a)^2}(e^{-at} - e^{-bt}) + \dfrac{a-c}{a-b}te^{-at}$

5.3 (1) $\Gamma(x)$ を微分して $x = 1$ とおいた式 $\Gamma'(1) = \int_0^\infty e^{-u}\log u\, du$ に，変数変換 $u = st\ (s > 0)$ を施せばよい．

(2) $\mathcal{L}[\sin t\, H(t) + \sin(t-\pi)H(t-\tau)] = (1 + e^{-\pi s})/(s^2+1)$ と周期関数のラプラス変換の公式より得られる．

(3) (2) と同様．

5.4 $\dfrac{d}{dt}(\mathrm{erf}\sqrt{t}) = \dfrac{2}{\sqrt{\pi}}e^{-t}\dfrac{1}{2\sqrt{t}}$ の両辺のラプラス変換より導かれる．

5.5 (1) $\displaystyle\lim_{n\to\infty}\int_{-\infty}^\infty \delta_n(t)\varphi(t)dt = \lim_{n\to\infty}\int_{-1/(2n)}^{1/(2n)} n\varphi(t)dt = \lim_{n\to\infty} n\cdot\dfrac{1}{n}\varphi(\theta)\ (-1/(2n) < \theta < 1/(2n))$ より得られる．

(2) $\varphi(t) = e^{-st}$ とおけばよい．

5.6 (1) $\dfrac{\omega}{a^2+\omega^2}\left(e^{-at} - \cos\omega t + \dfrac{a}{\omega}\sin\omega t\right)$ (2) $\dfrac{A}{a^2+\omega^2}\left(e^{at} - \cos\omega t - \dfrac{a}{\omega}\sin\omega t\right)$

(3) $\dfrac{2\sqrt{3}}{3}\int_0^t\left\{e^{-(t-\tau)/2}\sin\dfrac{\sqrt{3}}{2}(t-\tau)\right\}f(\tau)d\tau$

(4) $(1/\omega^2)\{1 - \cos\omega(t-a)\}H(t-a)$ (5) $t + (c/2)t^2$

5.7 (1) $y = 2 + t^2/2 + e^{-t}/2 - (3/2)\sin t + (1/2)\cos t$,

$z = 1 - e^{-t}/2 + (3/2)\sin t - (1/2)\cos t$

(2) $x = (\lambda/3)e^t + (\alpha - \lambda/3)e^{-2t},\quad y = (\lambda/3)e^t + (\beta - \lambda/3)e^{-2t}$,

$z = (\lambda/3)e^t + (\gamma - \lambda/3)e^{-2t}$, ただし $\lambda = \alpha + \beta + \gamma$

(3) $y = e^t + e^{2t},\quad z = e^{2t}$

5.8 (1) $2t + (2/3!)t^3$ (2) $e^t + \cos t + \sin t$ (3) $e^{-t}(1-t)^2$

(4) $\dfrac{1}{3}e^t - \dfrac{1}{3}e^{-t/2}\cos\dfrac{\sqrt{3}}{2}t + \dfrac{1}{\sqrt{3}}e^{-t/2}\sin\dfrac{\sqrt{3}}{2}t$ (5) $2\sinh(t/\sqrt{2})\sin(t/\sqrt{2})$

5.9 (1) $1 + t^2/2$ (2) $(\sin t + t\cos t)/2$ (3) $1 - t - \cos t + \sin t$

(4) $\left(1 - \dfrac{\omega^2}{2}t^2\right) + \displaystyle\int_0^t f(\tau)d\tau + \dfrac{\omega^2}{2}\int_0^t f(\tau)(t-\tau)^2 d\tau$

(5) $\begin{cases} \dfrac{b}{(a-b)^2}(e^{bt} - e^{at}) + \dfrac{a}{a-b}te^{at} & (a \neq b) \\ te^{at} + (a/2)t^2 e^{at} & (a = b) \end{cases}$

第 6 章 偏微分方程式

6.1 問 6.1 は省略

問 6.2 $z = xf_1(y) + f_2(y)$ (f_1, f_2：任意関数)

6.2 問 6.3 は省略

問 6.4 $u(x,t) = \dfrac{8l^2}{\pi^3} \displaystyle\sum_{n=1}^{\infty} \dfrac{1}{(2n-1)^3} \cos\dfrac{(2n-1)\pi}{l}ct \cdot \sin\dfrac{(2n-1)\pi}{l}x$

問 6.5 $U(x,s) = \dfrac{1}{c}\left[\dfrac{\sinh(sx/c)}{\sinh(sl/c)}\displaystyle\int_0^l f(\xi)\sinh\dfrac{s}{c}(l-\xi)d\xi - \int_0^x f(\xi)\sinh\dfrac{s}{c}(x-\xi)d\xi\right]$

の逆変換をとればよい．

6.3 問 6.6 は省略

6.4 問 6.7 $u(x,y) = \displaystyle\sum_{n=1}^{\infty}\left(\dfrac{2}{b\sinh\dfrac{n\pi a}{b}}\int_0^b f(y)\sin\dfrac{n\pi y}{b}dy\right)\sinh\dfrac{n\pi x}{b}\sin\dfrac{n\pi y}{b}$

演習問題 [6]

6.1 $u(x,t) = \dfrac{l}{\pi c}\sin\dfrac{\pi c}{l}t \sin\dfrac{\pi c}{l}x$

6.2 $u(x,t) = \displaystyle\sum_{n=1}^{\infty}\left(a_n\cos\dfrac{c(2n-1)\pi}{2l}t + b_n\sin\dfrac{c(2n-1)\pi}{2l}t\right)\cdot\sin\dfrac{(2n-1)\pi}{2l}x$

$a_n = \dfrac{2}{l}\displaystyle\int_0^l f(x)\sin\dfrac{(2n-1)\pi}{2l}x\,dx, \quad b_n = \dfrac{4}{(2n-1)c\pi}\int_0^l g(x)\sin\dfrac{(2n-1)\pi}{2l}x\,dx$

6.3 $u(x,t) = \dfrac{a_0}{2} + \displaystyle\sum_{n=1}^{\infty} a_n e^{-a^2 n^2 \pi^2 t/l^2}\cos\dfrac{n\pi}{l}x, \quad a_n = \dfrac{2}{l}\int_0^l f(x)\cos\dfrac{n\pi}{l}x\,dx$

6.4 $u(x,s) = \dfrac{\alpha}{s}\exp\left(-\dfrac{\sqrt{s}}{a}x\right)$ となるので $u(x,t) = \alpha\left(1 - \mathrm{erf}\dfrac{x}{2a\sqrt{t}}\right)$

6.5 $u(x,y) = \dfrac{e^{2\pi - y} - e^y}{e^{2\pi} - 1}\sin x + \dfrac{e^{2y} - e^{-2y}}{e^{2\pi} - e^{-2\pi}}\sin 2x$

6.6 $u(r,\theta) = \dfrac{1}{2\pi}\displaystyle\int_0^{2\pi} f(t)\left\{1 + 2\sum_{n=1}^{\infty}\left(\dfrac{r}{a}\right)^n \cos n(t-\theta)\right\}dt$

$= \dfrac{1}{2\pi}\displaystyle\int_0^{2\pi} f(t)\dfrac{a^2 - r^2}{a^2 - 2ar\cos(t-\theta) + r^2}dt$

索　引

■ あ 行

アーベルの定理　47
一様収束　43, 81
移動性　93, 104, 108
円板　49
オイラーの公式　13, 67

■ か 行

開集合　4
解析関数　8
外点　4
ガウス平面　3
重ね合わせの原理　116
ガンマ関数　103
奇関数　68
ギブスの現象　70
逆関数　17
　　――の存在定理　18
逆三角関数　22
境界　4
境界条件　117
境界値問題　117
境界点　4
共役複素数　2
極　55
極形式　3
極限値　5
極座標　3
虚軸　3
虚数単位　2
虚部　2
偶関数　60, 68
区分的に滑らか　25, 79
区分的に連続　74
グリーンの定理　29
グルサーの定理　36
原始関数　33
広義一様収束　44
合成型積分方程式　113

合成積　94, 107
　　――のフーリエ変換　94
　　――のラプラス変換　107
項別積分　46, 67, 82
項別微分　46, 85
誤差関数　114
コーシー
　　――の収束条件　41, 42
　　――の積分公式　33
　　――の積分定理　29
　　――の評価式　36
コーシー・シュワルツの不等式　23, 81, 82
コーシー・リーマンの方程式　9
孤立特異点　55

■ さ 行

最小二乗　75
最大値の原理　39
三角関数　14
三角多項式　75
指数 α 位　102
指数関数　13
実軸　3
実部　2
写像　5
周期　66
周期関数　66
収束　5, 40
収束域　102
収束円　48
収束座標　102
収束半径　48
主要部　55
純虚数　2
初期条件　117

初期値・境界値問題　117
初期値問題　117
除去可能な特異点　55
初等関数　13, 103
真性特異点　56
ストークスの波動公式　119
正則　8
正則関数　8
正則点　8
積分方程式　95, 113
積分路　26
絶対可積分　87
絶対収束　42
絶対値　3
線形性　93, 104
線積分　26
双曲型　116
双曲関数　16
相似性　93, 104

■ た 行

第1移動性　104
対称性　93
代数学の基本定理　39
対数関数　21
　　――の主値　21
第2移動性　108
楕円型　116
多重連結領域　28
ダランベール
　　――の解　118
　　――の判定法　42
単位階段関数　108
単一閉曲線　28
単連結領域　28
値域　5
調和関数　12
直交性　66
定義域　5

索　引　137

ディラック　114
テイラー展開 (級数)　50
　——の一意性　51
テイラーの定理　50
ディリクレ
　——核　77
　——の積分公式　89
　——問題　125
デルタ関数　114
δ 近傍　4
等角写像　12
導関数　7
同　次　116
特異点　8, 55
ド・モアブルの公式　23

■な 行

内　点　4
熱伝導方程式　123

■は 行

パーセバルの等式　84, 95
発　散　40
波動方程式　118
半区間展開　73
(半区間) フーリエ正弦級数　73
(半区間) フーリエ余弦級数　73
比較判定法　42
微分可能　7
微分係数　7
微分係数の積分公式　35
フェイェール
　——核　78
　——の定理　98
複素関数　5
複素数　2
複素数列　40
複素積分　26

複素フーリエ
　——級数　72
　——係数　72
　——積分　87
複素平面　3
不定積分　32
部分和　41, 46
フーリエ
　——逆変換　92
　——級数　67
　——係数　67
　——重積分公式　87
　——正弦級数　69
　——正弦積分　88
　——正弦変換　92
　——積分　87
　——展開　67
　——の重積分定理　88
　——の反転公式　92
　——変換　92
　——余弦級数　68
　——余弦積分　88
　——余弦変換　92
分　岐　19
分岐点　20
平均収束　98
閉集合　4
べき級数　47
　——の一意性　50
べき根　19
ベッセルの不等式　76
ヘビサイド　108
　——単位階段関数　108
ベルヌーイ数　63
偏　角　3
変　換　5
変数分離法　119
偏微分方程式　116

放物型　116

■ま 行

マクローリン展開 (級数)　50
無限遠点　6
モレラの定理　37

■や 行

ヤコビアン　18
有界集合　5

■ら 行

ラプラス
　——逆変換　101
　——変換　101
　——変換の存在条件　101
　——方程式　12, 125
リーマン・ルベーグの定理　76
留　数　56
留数定理　57
リュービルの定理　37
領　域　5
レルヒの定理　109
連　結　5
連　続　6
ローラン展開
　——(級数)　52
　——の一意性　53
　——の主要部　55
ローランの定理　52

■わ 行

和　41, 46
ワイヤストラス
　——の M 判定法　47
　——の近似定理　98
ワリスの公式　97

著者略歴

坂和　正敏（さかわ・まさとし）
- 1947年　生まれる
- 1970年　京都大学工学部数理工学科卒業
- 1972年　京都大学大学院工学研究科修士課程数理工学専攻修了
- 1975年　京都大学大学院工学研究科博士課程数理工学専攻修了
  - 工学博士（京都大学）
  - 神戸大学工学部システム工学科助手
- 1981年　神戸大学工学部システム工学科助教授
- 1987年　岩手大学工学部数理情報学講座教授
- 1990年　広島大学工学部第二類（電気系）計数管理工学講座教授
- 2001年　広島大学大学院工学研究科複雑システム工学専攻教授
- 2010年　広島大学大学院工学研究院電気電子システム数理部門教授を経て
- 現　在　広島大学名誉教授

著　書
- 線形システムの最適化〈一目的から多目的へ〉，1984年
- 非線形システムの最適化〈一目的から多目的へ〉，1986年
- ファジィ理論の基礎と応用，1989年
- 経営数理システムの基礎，1991年
- 理工系のための英文手紙の書き方（共著），1993年
- ニューロコンピューティング入門（共著），1997年
- 数理計画法の基礎，1999年
- 離散システムの最適化〈一目的から多目的へ〉，2000年
- わかりやすい数理計画法（共著），2010年　（以上，森北出版）
- 他　多数

編集担当	大橋貞夫（森北出版）
編集責任	富井　晃（森北出版）
組　版	アベリー
印　刷	ワコープラネット
製　本	協栄製本

応用解析学の基礎 新装版　　　　　　　　　　　© 坂和正敏　2014

1988年11月 1日	第1版第 1刷発行
2012年 3月26日	第1版第14刷発行
2014年10月20日	新装版第 1刷発行
2020年 4月14日	新装版第 4刷発行

【本書の無断転載を禁ず】

著　者　坂和正敏
発行者　森北博巳
発行所　森北出版株式会社

東京都千代田区富士見1-4-11（〒102-0071）
電話 03-3265-8341 ／ FAX 03-3264-8709
https://www.morikita.co.jp/
日本書籍出版協会・自然科学書協会　会員
JCOPY＜（一社）出版者著作権管理機構　委託出版物＞

落丁・乱丁本はお取替えいたします．

Printed in Japan ／ ISBN978-4-627-07312-8